실크로드를 따라 북극에 서다

실크로드를 따라 북극에 서다

발행일	2024년 8월 26일

지은이	박승훈			
펴낸이	손형국			
펴낸곳	(주)북랩			
편집인	선일영	편집	김은수, 배진용, 김현아, 김다빈, 김부경	
디자인	이현수, 김민하, 임진형, 안유경, 최성경	제작	박기성, 구성우, 이창영, 배상진	
마케팅	김회란, 박진관			
출판등록	2004. 12. 1(제2012-000051호)			
주소	서울특별시 금천구 가산디지털 1로 168, 우림라이온스밸리 B동 B111호, B113~115호			
홈페이지	www.book.co.kr			
전화번호	(02)2026-5777	팩스	(02)3159-9637	

ISBN	979-11-7224-235-0 03980 (종이책)	979-11-7224-236-7 05980 (전자책)

(주)북랩 성공출판의 파트너

북랩 홈페이지와 패밀리 사이트에서 다양한 출판 솔루션을 만나 보세요!

홈페이지 book.co.kr • **블로그** blog.naver.com/essaybook • **출판문의** book@book.co.kr

작가 연락처 문의 ▸ ask.book.co.kr

작가 연락처는 개인정보이므로 북랩에서 알려드릴 수 없습니다.

역경을 넘어 완성한 꿈과 도전의 대장정

실크로드를 따라
북극에 서다

박승훈 지음

북랩

여는 글

전 세계에 무서운 역병(疫病, 코로나-19)이 인간에게 고통과 역경을 안겨 주었다. 세계로 향하던 내 여정(旅程)도 가던 길을 멈추어야만 했다. 이후로 4여 년의 긴 세월 동안 인간들이 고통에 신음하여 왔다.

결국 인간이 승리하였다. 전 세계 국가들이 대문을 열었다. 나의 몸과 마음은 벌써 세계적 역병으로 중단되었던 여정 지역에 와 있다.

기차(Train)로 적도(赤道)를 출발하여 "싱가포르-말레이시아-태국-미얀마-네팔-인도"로 경유하던 중에 세계적 역병을 만났던 인도(India)로 다시 돌아왔다.

목적지인 북극(北極)에 나의 발자국을 남기기 위해 발을 쉬지 않을 것이다.

나의 평생 친구인 기차(Train)가 〈방글라데시-부탄-인도-파키스탄-중동아시아 6개국-이란-캅카스 3개국-카스피해(Caspian sea)-중앙아시아 5개국-몽골-러시아-동토(凍土)의 북극해〉의 여행 경로와 함께했다. 사막의 기차, 이슬람의 기차, 설국(雪國) 열차가 나의 꿈을 실어다 주었다.

태극기를 품에 안고 지구의 모든 땅과 바다를 만날 때까지 도전은 계속된다.

차례

여는 글   5

제1장

적도(赤道,Equator) 출발,
아라비아해(Arabian Sea)에 서다

01. 싱가포르(Republic of Singapore)   13

02. 말레이시아(Malaysia)   25

03. 태국(Thailand)   32

04. 미얀마(Myanmar)   43

05. 디마푸르(Dimapur)   51

06. 네팔(Nepal)   53

07. 인도(India)   61

08. 방글라데시(Bangladesh)   67

09. 인도(India)   73

10. 부탄(Kingdom of Bhutan)   77

11. 인도(India)   84

12. 파키스탄(Islamic Republic of Pakistan)   90

제2장

아라비아해(Arabian Sea)를 건너
황량한 사막의 땅으로 발길을 옮기다

13. 오만(Sultanate of Oman) 103
14. 아랍에미리트(UAE, United Arab Emirate) 112
15. 사우디 아라비아 왕국(Kingdom of Saudi Arabia) 118
16. 카타르(State of Qatar) 128
17. 쿠웨이트(Kuwait) 135
18. 바레인(Kingdom of Bahrain) 147
19. 아랍에미리트(The United Arab Emirates, UAE) 152

제3장

페르시아만(Persian Gulf)의
호르무즈 해협(Strait of Hormuz)을 건너
페르시아(Persia)의 문명과
코카서스(캅카스, Caucasus) 3국을 만나다

20. 이란(Islamic Republic of Iran) 157
21. 아르메니아(Armenia) 166
22. 조지아(Georgia) 174
23. 아제르바이잔(Republic of Azerbaijan) 184
24. 조지아(Georgia) 194

제4장

카스피해(Caspian Sea)를 기차(Train)로
에둘러 실크로드(Silk Road)와 만나다

25. 러시아(Russia)   199

제5장

실크로드(Silk Road)를 따라 걷다

26. 카자흐스탄(Kazakhstan)   207

27. 우즈베키스탄(Uzbekistan)   212

28. 타지키스탄(Republic of Tajikistan)   224

29. 우즈베키스탄(Uzbekistan)   233

30. 투르크메니스탄(Turkmenistan)   242

31. 우즈베키스탄(Uzbekistan)   251

32. 타지키스탄(Tajikistan)   252

33. 우즈베키스탄(Uzbekistan)   255

34. 카자흐스탄(Kazakhstan)   256

35. 키르기스스탄(Kyrgyzstan)   260

36. 카자흐스탄(Kazakhstan)   269

제6장

**설국열차를 타고 꽁꽁 얼어붙은
동토(凍土)로 가다**

37. 러시아(Russia)   273

제7장

대장정의 끝인 북극해(Arctic Ocean)에 서다

북극해(Arctic Ocean)에 서다   290

실크로드를 따라
북극에 서다

제1장

적도(赤道, Equator) 출발,
아라비아해(Arabian Sea)에 서다

싱가포르(Republic of Singapore)

적도(Equator, 0도) 지역으로 말레이반도(Malay Peninsula)의 남쪽에 위치한 섬나라이자 항구도시로 이루어진 도시국가이다. 북쪽은 조호르 해협(Johor Strait)에 접해 있고 남쪽은 싱가포르 해협(Singapore Strait)을 두고 있고 서쪽은 세계의 중요한 해상운송 로인 말라카 해협(Malacca Strait)을 끼고 있어 한국, 일본, 중국 및 동남아의 무역선이 인도, 중동, 아프리카, 유럽세계로 향하려면 필히 통과해야 하는 해상교통 요충지이다.

1. 창이 국제공항(Changi International Airport)

　2020년1월6일 창이 공항에 도착과 동시에 이곳을 기차(Train)로 출발하여 종교가 다른 서남아시아, 황량한 사막의 중동지역, 실크로드(Silk Road)의 주역인 중앙아시아 국가들을 거쳐 시베리아(Siberia)의 설국(雪國)열차를 타고 북극(Arctic, 北極)까지 가는 장대하고 험난하고도 외로운 여정의 출발점이다.

　창이 공항은 아시아를 대표하는 국제공항의 하나로 특징은 공항 내에 넓은 친환경적 시설이 있어 잘 조성된 열대우림의 화단이나 야자수 등이 어우러져 있고 비단 잉어가 헤엄치는 연못, 나비들이 자유롭게 날아다니는 온실이 여행객들에게 잠시 편안한 휴식을 제공한다.

공항을 빠져나와 숙소로 정한 싱가포르 속 인도(India) 거리인 리틀 인디아(Little India)로 향하였다. 그곳은 한국식당과 차이나 타운 (China Town)에 접근하기가 쉬워 짐을 풀었다. 그리고 나의 직업상(선박 기관장) 오랜 추억이 담긴 쇼핑거리인 오차드 로드(Orchard Road)로 발길을 옮겼다. 그리고 맛의 추억이 떠오르는 싱가포르 국수인 락사 (Laksa)를 음미하며 멀고 먼 여정의 시작을 다짐하였다.

2. 머라이언 공원(Merlion Park)

다음 여정으로 싱가포르의 상징인 머라이언 상이 설치된 공원으로 향하였다.

머라이언(Merlion)이란, 인어를 뜻하는 'Mermaid'와 사자를 뜻하는 'Lion'의 합성어로 상반신은 사자, 하반신은 물고기 몸통으로 1972년에 싱가포르 입구인 에스플러네이드에 세워져서 이곳 상징이 되었다. 나의 직업상 오래전부터 싱가포르를 기항(寄港)할 때마다 제일 먼저 반겨주던 아련한 추억의 상징물이었는데 장소와 크기가 그때와 약간의 변화가 있다고 한다.

　　바다 쪽으로 눈을 돌리니 마리나 베이(Marina Bay)의 랜드마크로 자리 잡은 마리나 베이 샌즈(Marina Bay Sands)라는 독특한 건축물이 눈을 호강시킨다.

　　57층 규모의 건물 3개가 범선(帆船) 모양의 스카이 파크를 떠받치고 있는 모습이 세계적인 명소로 자주 회자되고 있고 내부에는 호화스러운 호텔 및 복합 리조트가 럭셔리(Luxury)한 경험을 하고 싶은 사람들에게 인기 장소라고 한다.

실크로드를 따라 북극에 서다

3. 센토사 섬(Sentosa Island)

적도의 이국적인 해변과 다양한 레저시설이 있는 유명한 휴양지이다. 말레이어로 센토사는 '평화와 고요함'을 뜻한다고 한다.

4. 주롱 버드 파크(Jurong Bird Park)

새(조류) 전문 공원으로 조류만을 위한 테마파크이며 600여 종이 서식하고 총 머릿수도 8,000여 마리가 이 공원에 모여 있다고 한다.

쿠바홍학(Greater Flamingo)

쿠바홍학(Greater Flamingo)은 아메리카 홍학, 분홍 홍학이라고도 불리며 갈라파고스(Galapagos)제도 전역에 걸쳐 섬 연안의 석호에서 발견된다고 한다. 자유로운 군무가 장관을 연출한다.

넓적부리황새(Shoe bill)

넓적부리 황새는 영어로 슈빌
(Shoe bill)이라 명칭하는데 부리
가 구두를 닮은 것에서 비롯된
이름이라 한다. 외형은 촌스러워
보이나 자태가 고고하다.

극락조(Bird of Paradise)

극락조는 참새목 극락조에 속
하는 조류로 자태가 단아하고 아
름다워서 한참 동안 눈을 뗄 수
가 없었다.

실크로드를 따라 북극에 서다

5. 우드랜드 역(Woodlands CIQ)

　싱가포르에서 이웃 국가인 말레이시아(Malaysia)로 가는 철도의 유일한 기차역이고 말레이시아 조호르 바루(Johor Bahru, JB)로 향하는 단거리 열차를 탈 수 있다. 나의 장대한 기차와 육로여행의 출발점이다.

이 역(Train station)에서 도보로 가까운 거리에 있는 국제버스터미널에서 말레이시아의 수도 쿠알라룸푸르(Kuala Lumpur)까지 갈 수 있고 모든 표(Ticket)는 온라인(On-Line) 및 방문하여 구매할 수 있다.

JB Sentral행 기차표

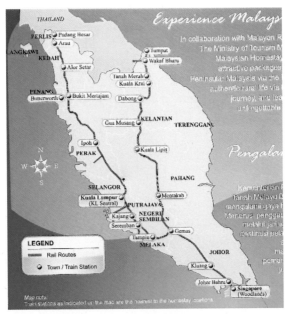

Woodlands CIQ → 쿠알라룸푸르 JB Sentral

실크로드를 따라 북극에 서다

말레이시아(Malaysia)

말레이시아라는 이름은 이지역에 살고있는 주요 민족인 말레이인 (人)을 뜻하는 영어표현 'Malays'에 그리스-라틴어 어원의 접미사로 '땅'을 뜻하는 -ia- 가 붙은 것이다. 인구의 과반수 이상이 이슬람교를 믿고 다른 종교들도 존재하여 다종교적 사회이다.

수도는 쿠알라룸푸르(Kuala Lumpur)이다.

1. JB Sentral(Johor Bahru Sentral)

　싱가포르와 조어 코즈웨이(Johor Csway)로 연결되는 말레이시아의 접경 도시로 출입국사무소가 있고 싱가포르와 단시간 셔틀 기차를 운항하고 있다. 또한 내륙으로 향하는 기차를 이용할 수 있는 곳이다.

JB Sentral → Pulau sebang

Tampin → Kuala Lumpur

　　　　　　　　　실크로드를 따라 북극에 서다

2. 쿠알라룸푸르(Kuala Lumpur)

말레이시아의 수도로 말레이어(語)로 쿠알라룸푸르(Kuala Lumpur)는 흙탕물(Lumpur)의 합류를 뜻한다고 한다. 인구와 경제발전이 동남아시아에서 가장 빠르게 성장하는 대도시 중 하나라 한다.

(1) 페트로나스 트윈 타워(Petronas Twin Towers)

쿠알라룸푸르에 지어진 88층으로 높이는 452미터의 마천루로 말레이시아의 랜드마크로 상징한다.

쌍둥이 건물이라고도 칭하며 대한민국과 일본이 공동으로 지은 것이다.

(2) 쿠알라룸푸르 새 공원(KL Bird Park)

　세계에서 큰 규모에 속하는 조류 파크라 한다. 그 명성에 걸맞게 넓게 펼쳐진 자연 속에서 자유롭게 돌아다니는 새들을 따라가며 각양 각색의 자태를 뽐내고 있는 조류들과 자유스럽게 대화를 하다 보니 해가 지고 있었다. 아쉬움을 뒤로하고 숙소로 왔지만 그들의 재잘대는 청량한 소리가 귓가에 쟁쟁하다.

원숭이 올빼미(Barn Owl, Tyto alba)
　원숭이 올빼미는 전 세계에 가장 널리 분포된 올빼미종이다.

아프리카 흙 따오기(African Sacred ibis)
　아프리카 흙 따오기는 중앙 및 남부 아프리카 대륙 전반에 서식한다. 고대 이집트에서 숭앙의 대상이었다고 하며 신체를 덮은 깃털은 흰색이 나고 머리 깃은 검은색이다.

보라부채머리(Violet Turaco)
　투라코의 일종인 보라부채머리(Violet Turaco)는 주로 서아프리카에 서식한다. 그 모습이 마치 나무 새 조각에 보라색 바탕으로 노랑, 빨강색으로 표현한 작품 같다.

(3) 쿠알라룸푸르 옛 중앙역(Kuala Lumpur old station)

고풍스럽고 이국적 풍취가 흠뻑 풍기는 역사(驛舍)는 '이슬람-무어' 양식으로 그 옛날에는 중앙역 역할로 언제나 붐비던 활기찬 기차 역사였다고 기록이 이야기하고 있다.

(4) 쿠알라룸푸르

기차역을 출발하여 국경지역인 파당 베사르(Padang Besar)역에 도착한후에 출국관리소를 경유하여 바로 이웃한 태국 입국사무소를 빠져

실크로드를 따라 북극에 서다

나와 역시 바로 이웃한 기차 승차장으로 이동하여 방콕(Bangkok)행 기차에 몸을 실었다.

파당 베사르행 기차표

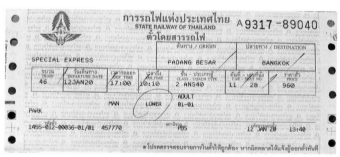

방콕(Bangkok)행 기차표
Kuala Lumpur(12/01/2020) → Padang Besar(12/01/20)
Padang Besar(12/01/2020) → Bangkok(12/01/2020)

태국(Thailand)

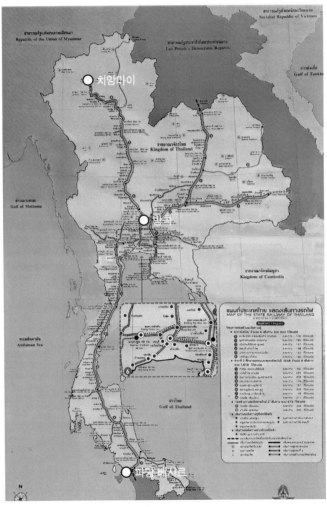

태국의 철로 지도

타이왕국 또는 태국이라 불리며 동남아시아의 말레이 반도와 인도차이나 반도 사이에 걸쳐 있고 수도이자 최대 도시는 방콕(Bangkok)이다.

북쪽으로 미얀마(Myanmar)와 라오스(Laos)와 접경하고 있으며 동쪽으로는 라오스와 캄보디아(Cambodia)와 접하고 남쪽에는 타이만(Gulf of Thailand)과 말레이시아(Malaysia)가 있고 서쪽에는 안다만 해(Andaman Sea)가 있다.

태국은 불교의 색채를 가진 나라이자 사원(寺院)의 나라로 국민의 95% 이상이 불교신자로 소승불교를 믿는다.

1. 방콕(Bangkok)

태국의 수도이자 가장 큰 도시이다. 태국의 중심부에 자리 잡고 있으며 태국의 정치·경제·문화의 중심적 역할을 하고 있으며 교통 요충지이다.

(1) 방콕 왕궁(Grand Palace)

왕궁의 건축물들은 각자 다른 시기가 다른 양식으로 지어져 시대의 흐름에 따른 다양한 건축양식을 감상할 수 있다.

높이 솟은 궁전과 누각, 사원들은 모두 금박 잎새, 자기 유리로 찬란하게 장식되어 눈부시게 아름답다.

(2) 왓 프라 깨우(Wat Phra Kaew) 사원

에메랄드 불상(Phra Kaew Morakot)이 있는 사원이라 에메랄드 사원이라 불리는 '왓 프라깨우'에는 신성한 불상을 모시고 있어 태국에서 가장 신성한 사원이자 불교의 성지이다.

(3) 사파리 월드 방콕(Safari World Bangkok)

마린 파크(Marine Park)와 사파리 파크(Safari Park)라는 두 개의 공원으로 구성되어 있다. 마린 파크는 세계의 다양한 동물 전시물이 전시되어 있는 주요 공원이고 각종 동물들의 묘기행사도 진행하고 있으며 정글 크루즈 체험과 사파리 파크에서는 동물들과 친근하게 지낼 수 있고 미니월드라는 워크 스루(Walkthrough) 새장에서는 다양한 새들의 자태와 향연도 체험할 수 있다.

유황 앵무새(Cacatua Sulphurea)

몸 길이 최대 35cm인 앵무목 관앵무과에 속하는 새의 일종이다.

스칼렛 잉꼬

잉꼬 새장에 자유롭게 날아 다니는 빨간색, 노란색, 파란색 깃털을 지닌 스칼렛 잉꼬는 매혹적인 아름다움으로 유명하다. 장난스럽고 호기심 많은 성격으로 유명하여 사회적인 새로 사랑을 받는다고 한다.

(4) 치앙마이로 이동

방콕(Bangkok)에서 치앙마이(Chiang Mai)까지 기차로 이동하였다.

치앙마이행 기차표
방콕(Bangkok) → 치앙마이(Chang Mai)

2. 치앙마이(Chiang Mai)

태국 북부에 위치한 태국에서 두 번째로 큰 도시로 문화적으로 중요한 도시다.

(1) 왓 프라탓 도이수텝(Wat Phra that Doi Suthep) 사원

치앙마이에서 성스러운 산으로 여겨지는 수텝 산에 자리 잡고 있으며 불교와 힌두교의 특징이 섞인 독특한 사원이다.

'붓다'의 사리가 안치되어 있다고 하고 아름다운 황금빛 사원, 불상, 장식물들이 그 역사를 말하고 있다.

(2) 타이거 킹덤 치앙마이(Tiger Kingdom Chiang Mai)

호랑이를 가까이에서 볼 수 있고 같이 사진도 찍을 수 있다.

(3) 치앙마이 동물원(Chiang Mai Zoo)

중국 쓰촨성 출신의 자이언트 판
다(Panda)로 이름이 린 후이(Lin Hui)
라 한다.

실크로드를 따라 북극에 서다

(4) 치앙마이 매림 고산족 마을

반 통 루앙(Bann Tong Luang Village)

목이 긴 고산족(Long Neck Family)

생태마을(Eco Village)로 목이 긴 고산족(Long Neck), 리수족(Lisu), 몽족(Hmong), 카안족(Kayan), 아카족(Akha), 라후족(Lahu), 카렌족(Karen)이 모여 사회적·문화적·경제적 및 생태학적으로 지속 가능한 것을 목표로 하는 전통적 공동체를 이루고 있다.

(5) 태국-미얀마를 연결하는
우정의 다리(Friendship Bridge)를 건너다

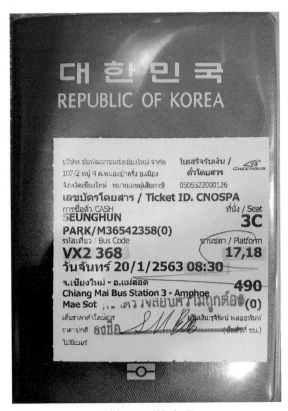

매솟(Mae Sot)행 버스표
치앙마이(Chiang Mai) 버스 터미널 → 매솟(Mae Sot)
태국 매솟(Mae Sot) → 우정의 다리 → 미얀마 미야와디(Myanmar Myawaddy)

미얀마(Myanmar)

버마라고도 불리며 북서쪽으로 방글라데시(Bangladesh)와 인도 (India)와 접하고 북동쪽으로 중국(China), 동쪽과 남동쪽에는 라오스 (Laos)와 태국(Thailand)과 접하고 있다. 수도는 네피도(Naypyidaw)이고 최대 도시는 양곤(Yangon)이다. 미얀마는 워낙 다양한 민족이 공존하고 있어 그 문화도 상당히 범위가 넓으나 주류는 불교문화와 버마족의 문화다.

1. 몰러먀잉(Mawlamyine)에서 출발

양곤(Yangon)행 기차표
몰러마잉(Mawlamyine) → 양곤(Yangon)

기차로 양곤(Yangon)으로 가기 위해서, 미얀마 국경도시 미야와디 (Myawaddy)에서 육로를 이용하여 철도가 있는 몰러먀잉으로 이동하였다.

2. 양곤(Yangon)

미얀마에서 가장 큰 도시이자 옛 수도이다.
도시의 이름은 전쟁의 끝 또는 평화라는 의미
라 한다.

(1) 쉐다곤 파고다(Shwedagon Pagoda)

쉐다곤 파고다의 창건 설화가 불교의 석가모니와의 일화로 유구하다고
회자되고 있지만 역사적으로 창건 시기는 11세기 전후로 추정하고 있다.

이름 중 '쉐'는 '황금', '다곤'은 '언덕'이라는 뜻이라 한다. 황금탑으로
미얀마의 랜드마크이자 이곳 불교도들의 정신적 지주라 그런지 미얀마
인들이 이곳에 황금을 헌납하는 일을 큰 자부심으로 여긴다고 한다.

(2) 양곤 동물원(Yangon Zoo)

왕관 앵무새(COCKATIEL)

왕관 앵무새는 30cm 정도 크기의 중소형 새이며 귓가에 빨간 점이 있고 자유자재로 움직이는 우관(머리 깃)과 호리호리한 몸매에 긴 꼬리 깃을 가지고 있다.

불편한 동거

양곤(Yangon)에서 만달레이(Mandalay)까지 기차로 이동하였다.

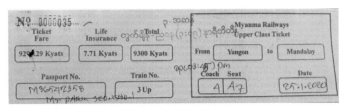

만달레이행 기차표
양곤(Yangon) → 만달레이(Mandalay)

3. 만달레이(Mandalay)

미얀마의 중부도시로 미얀마 마지막 왕조인 꼰 바웅 왕조의 수도였던 문화적, 역사적 도시이다.

(1) 만달레이 왕궁(The Mandalay Royal Palace)

마지막 왕조인 꼰 바웅 왕조의 정궁으로 버마 전통 양식과 근대 건축양식이 혼재되어 있다.

4. 바간(Bagan)

　만달레이구의 고대도시로 미얀마의 몇몇 고대왕국의 수도였다.
　불교예술의 건축물과 유적의 대부분은 10~12세기에 지어진 것이라
하고 도시 전체가 지붕 없는 박물관이라 불릴 만큼 어디를 가도 불교
예술 유적이 분포되어 있다. 바간(Bagan)은 캄보디아(Cambodia)의 앙
코르 와트(Angkor Wat)와 인도네시아(Indonesia)의 보로부두르
(Borobudur)유적과 함께 세계 3대 불교 유적지로 손꼽히고 있다.

5. 만달레이(Mandalay)에서 모레(Moreh)로

인도(India) 국경지역인 모레(Moreh)로 육로를 이용하여 넘어갔다.

만달레이(Mandalay) → 타무(Tamu)
타무(Tamu,미얀마) → 모레(Moreh,인도)

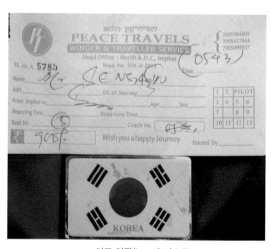

인도 임팔(Impal) 버스표

미얀마와 인도 국경 다리

실크로드를 따라 북극에 서다

디마푸르(Dimapur)

인도의 국경 모레(Moreh)에서 육로로 임팔(Impal)을 경유하여 기차를 탈 수 있는 디마푸르(Dimapur)로 가는 힘든 야간 버스에 몸을 실었다.

디마푸르(Dimapur)에서 기차를 타고 뉴 잘 파이구리(New Jal-Paiguri)로 이동하였다.

NJP행 기차표
디마푸르(Dimapur) → 뉴 잘 파이구리(New Jal-Paiguri)

뉴 잘 파이구리(NJP), 실리구리(Siliguri)에서 이웃 나라인 네팔(Nepal) 국경 마을 카카르비타(Kakarbhitta)로 넘어갔다.

실크로드를 따라 북극에 서다

네팔(Nepal)

히말라야(Himalayas)산맥에 위치한 내륙 국가로 수도는 카트만두 (Kathmandu)이고 불교의 창시자 석가모니가 룸비니(Lumbini)에서 태어 나고 카필라(Kapila)성에서 자랐다는데 두 지역 다 현재의 네팔 땅이다.

히말라야(Himalayas)산맥은 지구에서 가장 높은 산인 에베레스트산 (Mount Everest)을 비롯해 14개의 8,000미터 봉우리가 모두 이곳에 모 여 있어 '세계의 지붕'이라고 불린다. 히말라야는 산스크리트어(語)로 '눈이 사는 곳'이란 뜻을 가지고 있다고 한다.

1. 비르타모드(Birtamode)

네팔국경 출입국사무소가 있는 카카르비타(Kakarbhitta)와 근접 거리에 있는 비르타모드라는 곳으로 이동하여 히말라야산맥에 있는 유기농 차(Tea)밭을 경험하고 수도인 카트만두(Kathmandu)로 발걸음을 돌렸다.

카트만두행 버스표

실크로드를 따라 북극에 서다

2. 카트만두(Kathmandu)

네팔의 수도로 네팔 중앙의 카트만두 계곡에 위치하고 있고 세계문화유산으로 지정된 사원이 시내 곳곳에 위치하고 있다.

(1) 부다나트 스투파(Boudhanath Stupa)

부다나트 스투파는 둥근 원형 지붕 위에 사각형 탑을 설치하고, 그 탑 위에 모든 사물의 본질을 꿰뚫어 보는 부처님 눈이 그려진 거대한 스투파(탑)로 티베트 불교의 탑이고 유네스코 세계유산에 등록되어 있다.

부다나트 스투파(Boudhanath Stupa)

(2) 파슈파티나트(Pashupatinath) 사원

파슈파티나트(Pashupatinath) 사원은 카트만두 동쪽 바그마티 강변에 있는 신성한 시바신의 힌두사원으로 힌두(Hindu) 양식의 건축물이다.

(3) 카트만두 동물원(Kathmandu Zoo)

벵갈 호랑이는 몸통은 갈색에 검은 줄무늬의 짧은 털을 가지고 있으며 등쪽은 자색(약간 붉은 기가 도는 노란색)을 띤다.

벵갈 호랑이(Bengal Tiger)

오스트랄리안 캠프(Australian Camp)

3. 포카라(Pokhara)

　수도인 카트만두에서 서쪽으로 약 200㎞ 떨어진 곳에 위치하고 있으며 세계의 지붕인 히말라야산맥(Himalayas)을 품고 있어 30㎞ 이내 다울라기리(Dhaulagiri), 안나푸르나(Annapurna), 마나슬루(Manaslu)등 8,000미터가 넘는 고봉(高峯)이 있어 세계 전문 산악인들이 도전하러 방문하는 도시이다. 도심에 있는 페와 호수(Phewa Lake)에서는 이들 고봉을 쉽게 볼 수 있다. 히말라야 등정(登程)의 전문성이 없어 현지 안내자(Guide)를 대동하고, 아침 일찍 출발하여 하루 종일 산행을 마치고 저녁 무렵에 고도 2,040미터에 위치한 오스트랄리안 캠프(Australian

　　　　　실크로드를 따라 북극에 서다

Camp)에 도착하였다. 이곳에 여장을 풀고는 다음 날 일찍 히말라야 고봉들 위로 솟는 해돋이(일출)와 설산(雪山)과의 어우러진 장관을 보니 마치 모든 고봉을 다 정복한 것 같아 여운을 남기고 또 하루 종일 걸러서 캠프(Camp)를 내려 왔다.

4. 뉴델리로 발걸음

포카라(Pokhara)에서 육로로 국경지역인 벨라히아(Belahiya)와 인도 (India) 국경마을 소나울리(Sonauli)를 통과하여 고락푸르(Gorakhpur) 로 이동하여 기차를 타고 뉴델리(New Delhi)로 발걸음을 옮겼다.

벨라히아(Belahiya) 버스표

인도(India)

인도 공화국(Republic of India), 약칭 인도는 남아시아에 있는 나라로 고대 인더스(Indus) 문명의 발상지이자 역사적 무역로로 오랫동안 세계에 그 지정학적 지위와 경제적, 문화적 가치를 인정받아 왔다.

1. 뉴델리로!

고락푸르(Gorakphur)에서 기차를 타고 수도인 뉴델리(New Delhi)로 향하였다.

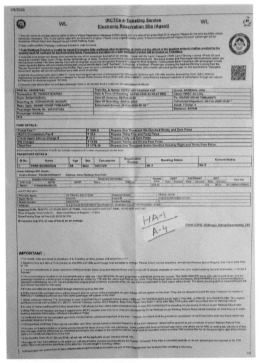

고락푸르(Gorakphur JN)(GKP) → 뉴델리(New Delhi) ANAND VIHR TRM(ANVT)
뉴델리행 기차표

실크로드를 따라 북극에 서다

2. 뉴델리(New Delhi)

　뉴델리는 인도의 수도이고 1911년 새 수도로 정해진 후 20년간 걸쳐 완성된 계획도시로 넓은 도로와 잘 조성된 환경이 이채롭다.

(1) 소달구지 풍경

　숙소로 정한 곳이 구거리 중심지인데도 숙소 앞으로 소달구지, 인력거가 거리낌 없이 다닌다.

(2) 레드 포트(Red Fort)

  17세기 붉은 사암으로 지어진 무굴 제국의 왕궁으로 사용했던 건물
로 외곽은 웅장한 붉은 벽돌로 철옹성처럼 지어져 이 당시의 강대한
힘을 보여준다.

실크로드를 따라 북극에 서다

(3) 마하트마 간디 박물관(Mahatma Gandhi Museum)

간디는 영국으로부터의 인도 독립운동가로 비폭력 투쟁의 정치적 지도자이고 마하트라는 '위대한 영혼'이라는 뜻으로 인도의 시인인 타고르(Tagore)가 지어준 이름이다. 또한 타고르는 일제 강점기에 신음하는 조선(朝鮮)을 위해 「동방의 등불」이라는 시(詩)를 당시 주요매체인 동아일보의 신문에 게재하였다고 한다.

비폭력 운동을 할 때 간디(Gandhi)가 사용한 물레

세계를 공포에 몰아 넣은 유행병인 코로나 19(COVID-19)를 만나다

다음 행선지인 파키스탄(Pakistan)으로 여행하기 위한 비자(Visa)를 발급받기 위해 주(駐)인도 파키스탄 대사관을 방문했더니 무조건 한국대사관으로 가라 한다. 한국대사관 직원분이, 듣지도 알지도 못한 세계적 유행병 때문에 세계의 모든 나라들이 대문을 걸어 잠그고 있으니 가능하다면 빨리 한국으로 돌아가라 강한 어조로 말한다.

급히 귀국하고 난 후 며칠 사이에 사람들이 손을 쓰지도 못하고 죽어가는 세계적 대역병인 코로나19로 공포에 휩싸였다.

인간의 능력으로 빠른 시일 안에 극복하리라 기대하였지만 4여 년의 시간이 흘렀다.

드디어 인간에게 공포를 안겨준 코로나-19(COVID-19)가 인간의 승리로 정복되어 다시 전 세계를 자유스럽게 다닐 수 있게 되었다. 2023년 가을이었다.

방글라데시(Bangladesh)의 다카(Dhaka)에 그 첫 발을 디디고 철로 및 육로를 이용하여 부탄(Kingdom of Bhutan)을 경유하여 인도(India) 뉴델리(New Delhi)에 다시 도착하였다. 그동안 중단되었던 장대한 여정의 꿈을 실은 철마(鐵馬)는 계속해서 목적지를 향하여 힘차게 달린다.

08

방글라데시(Bangladesh)

남아시아에 있는 인민공화국으로 인도, 미얀마와 국경을 접하고 벵골만에 인접해 있다.

국명인 방글라데시는 벵골어(語)로 벵골의 땅 또는 벵골의 나라를 뜻한다 한다.

과거 영국령 인도가 독립한 후, 종교문제로 인해 힌두교 지역은 인도, 이슬람 지역은 인도를 사이에 두고 동서로 나뉜 파키스탄으로 분리 독립하게 되었다 한다. 그 이후 두 개의 파키스탄이 성립되면서 현재의 방글라데시 지역은 동 파키스탄이 되었는데 두 지역 간의 거리차이, 문화 및 언어차이로 험난한 갈등 끝에 방글라데시란 국명을 획득 하였다 한다.

국토의 대부분은 인도와 접하며 벵골만 부근에 형성된 삼각주로 정글이 많은 저지대에는 벵골 호랑이의 서식지로 알려져 있다.

수도는 다카(Dhaka)이다.

1. 다카(Dhaka)

방글라데시의 수도이고 시내에는 이슬람교의 모스크가 700개 이상 존재하여 '모스크의 도시'로 알려져 있다. 대중교통 수단인 인력거가 변모한 릭샤(Rickshaw)와 삼륜 오토바이(CNG)가 수도 없이 주야장천 도로를 점령하고 있고, 세계에서 인구밀도가 높은 도시답게 이동이 쉽지 않다.

실크로드를 따라 북극에 서다

(1) 국립 동물원(Bangladesh National Zoo)

대머리 황새는 인도의 아삼주, 캄보디아에 걸쳐 서식하며 특징은 머리와 목은 깃털이 없고 암적색을 띠는 피부가 나와 있다.

대머리황새(Greater Adjutant)

큰두루미(Sarus Crane)

큰두루미는 나는 새 중에서 키가 크며 남아시아의 개방형 습지와 삼림 지대, 초원에 서식한다.

(2) 생태공원(Purbachal Eco-Park)

다카(Dhaka) 외곽 지역에 위치하고 있고 주변의 신선한 자연생태를 체험할 수 있다.

다카에서 부탄(Bhutan)의 현지 항공사 직원을 우연히 만나 '은둔의 왕국' 부탄을 방문할 절차를 제공받고, 방문 절차에 필요한 준비 시간이 다소 소요되는 점과 다카에서 빠른 항공편도 없어서 기차로 단거리 거리인 인도의 콜카타(Kolkata)로 이동한 후 역시 기차와 육로로 부탄 국경을 넘어가기로 현지 여행사와 방문 일정을 맞추었다. 부탄(Kingdom of Bhutan)으로의 여행, 특히 자유여행은 부탄의 국가지정 여행사와 연결해서 비자(Visa)를 신청해야 하고 방문 날짜 및 체류 기간도 확정해야 입국 비자가 처리되고 비용도 비싼 편이며 입출국 시까지 안내자와 동행해야 한다.

다카 기차역(Dhaka Cant. Stn)에서 국제열차로 인도(India)의 콜카타(Kolkata)로 이동하였다.

콜카타행 기차표
다카(Dhaka Cant. Stn) → 콜카타(Kolkata)

실크로드를 따라 북극에 서다

09

인도(India)

1. 콜카타(Kolkata)

영국 식민지 시대에 인도의 수도로서 당시 영국풍 건축물과 일상 속에 자리한 영국식 문화가 이 지역의 특징으로 과거와 현재가 존재하는 도시다.

콜카타 하우라 기차역(HOWRAH JN-HWH)에서 기차로 뉴 잘 파이구리(New Jal-Paiguri-NJP)로 이동하였다.

기차표
콜카타(Howrah Jn) → 뉴 잘 파이구리(New Jalpaiguri)

농촌 풍경

실크로드를 따라 북극에 서다

2. 뉴 잘 파이구리(New Jal-Paiguri, NJP)

　북 벵골의 가장 큰 도시인 실리구리(Siliguri)를 운행하는 기차역 중에서 가장 큰 기차역이고 북동부 주(州)와 인도 본토를 연결하는 기지 역할을 한다.

　뉴 잘 파이구리(NJP)에서 육로로 약 3시간 거리에 있는, 인도(India)와 부탄(Bhutan)과의 국경마을인 인도의 자이가온(Jaigaon)에 도착하여 인도의 입출국 사무소에서 출국수속을 마치고 번잡한 마을을 자유스럽게 걸어서 지근 거리에 있는 부탄 입국장 앞으로 가니 약속된 부탄 안내자(Guide)가 기다리고 있었다. 양쪽 국가 국민들은 신분증으로 쉽게 왕래가 가능하다고 한다.

네팔의 입출국장이 있는 푼촐링(Phuntsholing)에서 육로로 꾸불꾸불 험준한 산을 약 4시간 달려 수도인 팀부(Thimphu)에 도착하였다.

부탄(Bhutan) 입국 비자(Visa)

부탄 출입국 사무소

10

부탄(Kingdom of Bhutan)

인도와 중국 사이에 낀 내륙국으로 북쪽의 히말라야로부터 기인한 여러 산맥을 품고 있는 산악국가다.

부탄왕국의 국기는 짙은 노란색과 오렌지색이 조합을 이룬 바탕에 동양(東洋)의 용(龍)이 그려진 국기로 용이 발마다 구슬을 잡으며 나는 모습을 보이고 있다. 노란색은 '나라의 영광, 광명'을 상징하고 동시에 왕가(王家)의 색이기도 하며 오렌지색은 '불교(佛敎)를 상징한다고 한다. 무늬로 그려진 동양의 용은 부탄(Bhutan)의 용맹, 충성, 강인, 단결, 웅비함을 상징하며 발마다 잡고 있는 구슬은 나라의 부귀영화를 상징한다고 한다. 종교는 티베트 불교가 대다수이며 국민들이 체감하는 행복지수도 상당히 높다. 곳곳에 펼쳐진 모든 사물들이 '은둔의 왕국' 답게 현대적 감각에 무뎌 진 이방인에게 신선함을 안겨준다.

1. 팀부(Thimphu)

부탄의 수도로 히말라야산맥 줄기에 있는 약 2,400미터의 장소에 세워진 도시로 공항 및 철도는 없지만 부탄 각지와 인도로 연결하는 험준한 산길이 있다. 육로로 3~4시간 걸리는 팀부 서쪽으로 파로(Paro)국제공항이 있다.

(1) 부다 도르덴마(Buddha Dordenma)상

황금으로 도금된 거대한 좌불상(佛像)이 협곡 아래 펼쳐진 깨달아야 할 세상을 굽어 보고 있는 인자한 모습이다.

사원 주위를 청소하고 있는 전통 교복을 입은 자원봉사 학생들

실크로드를 따라 북극에 서다

(2) 전통 민속전시관(Simply Bhutan)

부탄의 전통 민속전시물들과 공연되고 있는 전통 무용이 이방인에게 낯설지 않고, 왠지 옛날 어릴 적 고향의 향수를 느끼게 한다.

(3) 로열 타킨 보호지역(Royal Takin Preserve)

타킨(Takin)은 동부 히말라야에 서식하는 양(羊)족 유제류이다. 타킨(Takin)은 부탄을 상징하는 국가 동물로 키 높이가 약 68~140㎝, 무게가 약 250~350㎏이나 되는 양(羊)족 동물에서 가장 덩치가 크다고 한다.

타킨(Takin)

2. 파로 탁상(Paro Taktsang, 일명-Tiger's Nest)

호랑이 둥지에 자리한 사원(Tiger's Nest)

히말라야 불교 성지로, 약 3,000미터 고도의 깎아 지른 절벽에 자리한 신비스럽고 경이로운 불교 사찰이고 부탄의 랜드마크이다. 흔히 '호랑이 둥지에 자리한 사원(Tiger`s Nest)'이라고도 표현한다. 파로는 사찰이 위치한 계곡의 이름이고, 탁상(Taktsang)은 '호랑이 둥지'라는 뜻이라 한다.

사찰까지 산행(山行)이 힘들지만 마음을 수련하는 수도사의 고행이라고 마음을 다잡아 가면 목적지까지 도달할 수 있다.

동행한 안내자가 힘들면 말을 빌려 타고 산행을 하라 권하지만 그간의 험난한 인생 여정에 비하면 오기가 있어 정복하였다.

사찰로 가는 계곡의 풍경

파로(Paro)에서 육로로 인도의 국경도시인 자이가온(Jaigaon)으로 다시 돌아와 기차역이 있는 뉴 잘 파이구리(New Jalpaiguri)로 이동하였다. 이곳에서 세계적 역병(코로나 19)으로 여행이 중단되었던 지역인 인도의 뉴델리(New Delhi)로 향한 기차에 몸을 실었다.

뉴델리행 기차표
뉴 잘 파이구리(New Jalpaiguri, NJP)역 → 뉴델리(New Delhi, ANAND VIHR TRM, ANVT)역

11

인도(India)

1. 뉴델리(New Delhi)

영국의 설계와 건설에 의한 신도시 부분을 뉴델리라고 부르고, 옛부터 있는 도시를 올드(Old)델리라고 부르고 있다. 올드델리 지역은 사람, 소, 인력거가 혼재되어서 도로를 공유하고 있는 복잡한 도시이다.

2. 타지마할(Taj Mahal)

　　인도 아그라(Agra) 지역에 위치한 건축물로 페르시아(Persia), 터키 (Turkey), 인도(India) 및 이슬람 건축이 잘 조화된 무굴 제국의 대표적 무덤 건축물로 수많은 노동자를 동원하여 완공까지 22여 년이 걸렸다 하니 그 웅장함과 정교함에 경이롭다. 타지마할은 거대한 무덤군의 중심부라 한다.

실크로드를 따라 북극에 서다

인도 뉴델리(New Delhi)에서 파키스탄(Pakistan)의 국경을 넘어가기 위해 사전 입국비자(Visa)가 필요한데 최근에 대부분의 나라들이 필히 비대면 전자시스템을 이용하여 발급한다. 그러나 인도에서는 두 나라 사이가 원활하지 못하여 서로 국제적 통신망을 통제하고 있어 신청이 안 된다. 그래서 이웃나라로 이동하여 온라인으로 신청하거나 한국에서 타인이 대신 개인정보(여권 복사, 사진 및 기재사항)를 공유하고 전자신청을 하면 쉽게 획득할 수 있다. 휴대폰으로 수령까지 모든 업무과정을 쉽게 이용할 수 있다.

　뉴델리(New Delhi)에서 기차로 암리차르(Amritsar)까지 이동하여 지근 거리에 있는 인도와 파키스탄의 라호르(Lahore)사이에 있는 와가 보 더(Wagah Border)로 이동하였다. 양국 간에는 전쟁까지 했었고 지금도 여전히 군사 충돌이 발생한다는 정보로 긴장을 하고 와가-아타리 국경검문소(Attari-Wagah Border Checkpoint)를 통과하였다. 그러나 너무 예상 밖으로 긴장감은 없고 자신들의 위용을 뽐내기 위한 각자의 현대식 건물들과 화려하게 차려 입은 국경군인들의 자태에 전혀 긴장감이 안 느껴진다.

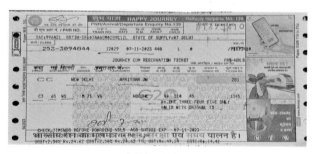

암리차르행 기차표
뉴델리(New Delhi) → 암리차르 역(Amritsar Jn)

파키스탄의 입경 군인

인도 국경의 풍경

12

파키스탄(Islamic Republic of Pakistan)

이슬람 공화국으로 무슬림의 수는 세계에서 2번째로 많다. 여러 고대 문명의 발원지로 약 8,500년이 넘는 남아시아 지방에서 가장 오래된 신석기 유적이 발견되었고, 청동기 인더스(Indus) 문명의 태동지이기도 하다. 지리적 위치로는 남아시아, 중동, 중앙아시아를 잇는 요충지다. 파키스탄은 민족적, 언어적으로도 굉장히 다양한 국가이며 지리와 야생환경도 다양하다.

수도는 이슬라마바드(Islamabad)이다.

1. 라호르(Lahore)

파키스탄 북동부에 있는 펀자부(Punjab)주(州)의 주도이고 인도와 국경을 접하고 있다.

라호르는 무굴 제국 시대에는 황족의 거처가 되면서 최성기를 맞이하여 웅장하고도 화려한 건축물이 많이 건축되었다.

(1) 라호르 박물관(Lahore Museum)

간다라(Gandhara) 미술품과 무굴 제국의 미술품이 다량 전시되어 있으며, 특히 간다라 미술(Gandhara Art)은 인도 서북 단 간다라 지방에서 기원 전후부터 수세기 동안 번영한 불교미술로 불상의 독특한 모양을 감상할 수 있다.

슈라바스티(Sravasti) 불상은 간다라 미술이다.

The miracle of Sravasti

금식불상(Fasting Buddha)

제작시기는 AD 2세기경으로 추정되며 부처님께서 깨달음을 얻은 날, 극심한 고행을 막 마친 붓다의 오랫동안 굶주리고 헐벗은 형상을 묘사한 불상이라 한다.

유약 타일 그림(Glazed Tiles Painting)

도자기 등의 세라믹스 제조 과정에서 광택, 색 및 질감 개선을 위한 유약을 바른 그 당시 풍속을 표현한 11세기 작품이라 한다.

(2) 바드샤히 모스크(Badshahi Mosque)

모스크는 무굴 제국시대인 17세기에 지어진 이슬람 사원이다.

(3) 이슬라마바드 기차역 라왈핀디

라호르 역(Lahore Jn)에서 기차를 타고 수도인 이슬라마바드(Islamabad)
기차역인 라왈핀디(Rawalpindi)로 향하였다.

라호르(Lahore Jn) → 라왈핀디(Rawalpindi, RWP)
이슬라마바드(라왈핀디)행 기차표

2. 이슬라마바드(Islamabad)

　파키스탄의 수도로 북동쪽에 위치하고 있고 내륙지역개발과 인도가
점유하고 있는 카슈미르(Kashmir)을 회복하겠다는 의지로 라왈핀디에
서 여기로 이전하였다고 한다. 이름의 뜻은 '이슬람의 도시'라 한다.

　실크, 솜 등으로 만들며 색깔과 디자인,그리고 의복의 재질 등은 개
인의 취향에 따라 굉장히 종류가 다양한 형식의 전통 의복인 샬와르
카미즈(Shalwar Kamiz)를 입고 전통악기를 연주하고 있다.

전통 인형극

불타는 닭

시내 한복판에서 낙타 떼를 끌고 가는 여인의 풍경

이슬라마바드 라왈핀디(Rawalpindi)역에서 기차로 카라치(Karachi Cantt)로 여정을 옮겼다.

카라치행 기차표
라왈핀디(Rawalpindi) → 카라치(Karachi)

3. 카라치(Karachi)

　파키스탄 남부의 아라비아해(Arabian Sea)에 면한 파키스탄 최대의 도시이다.

시내를 질주하는 시내버스

(1) 국립 박물관(National Museum of Pakistan)

　메르가르(Mehrgarh)는 파키스탄의 인더스(Indus) 문명의 발생지인 신석기 시대의 유적이고 점토로 만든 작은 조각상, 부적, 인장 등을 표현한 출토품이다.

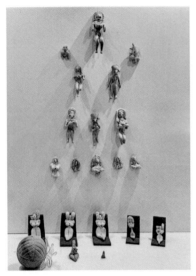

메르가르(Mehrgarh) 유적지 출토 점토 조각상

바마나(Vamana)는 힌두교 신(God)이다.

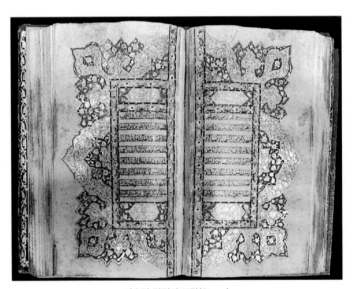

이슬람 경전인 코란(Quran)

코란(Quran)은 이슬람교 경전으로, 전시된 경전은 18세기에 사용했다고 한다.

실크로드를 따라 북극에 서다

(2) 아라비아해에 가로막혀

　카라치(Karachi)에서 아라비아해(Arabian Sea)로 가로막혀 기차로는 아라비아 반도(Arabian Peninsula)로 넘어갈 수가 없다. 비행기로 바다 건너편 오만(Oman)의 수도인 무스카트(Muscat)로 건너갔다.

제2장

아라비아해(Arabian Sea)를 건너
황량한 사막의 땅으로 발길을 옮기다

13 ──────────────────

오만(Sultanate of Oman)

────────────────────

아라비아 반도 남동부에 위치하고 있으며 국토의 80%가 바위산과 고운 모래빛의 아름다운 사막으로 이루어져 있으며 수도는 무스카트(Muscat)이다.

인접국으로 북쪽으로는 아랍에미리트(United Arab Emirate), 북서쪽에는 사우디아라비아(Saudi Arabia) 서쪽에는 예멘(Yemen)과 인접하고 있다.

아름다운 경관과 마음이 따듯하고 아름다운 사람들로 신의 축복을 받은 나라라고도 알려져 있다.

이슬람 문화가 주요 문화이다.

1. 무스카트(Muscat)

　오만의 수도로서 역사 유적과 자연 풍광, 전통과 현대 문명이 잘 어우러진 항구도시이다. 무스카트는 아랍어로 닻을 내리는 곳 혹은 고대 페르시아어로 '향이 강한'이란 뜻으로 풀이된다고 한다.

(1) 무트라 수크 전통시장(Mutrah Souq)

　아늑한 항구를 품에 안은 듯한 해안 안쪽길에 위치한 전통시장으로 옛날의 번성함을 말해 주듯이 다양한 물품들과 그 분위기가 고풍스럽다.

(2) 무트라 코르니쉬(Mutrah Corniche)

 항구를 끼고 해변길을 따라 걸으면 번성하던 옛 성곽과 역사를 이
룬 역사의 장소들이 많이 보인다.

시내를 둘러싼 험준한 산들이 천연 요새이다.

무트라 요새(Mutrah Fort)

항구를 둘러싼 길

(3) 알 알람 궁전(The Palace of Flag)

　200년 이상의 역사를 가지고 있는 왕궁으로 배수의 바다와 어우러진 외관이 이색적이다.
　'깃발의 궁전'이라는 영어 표현도 사용한다.

　　　　　　　　　　　　실크로드를 따라 북극에 서다

(4) 오만 국립 박물관(The National Museum of Oman)

오만 남부지방의 전통행사 복식이다.

보물상자

보물상자(Safeguarding Treasure)는 14세기부터 사용한 장롱 형태로 보물 등 귀중품을 보관하는 민속 생활품이다.

자개(굴 조개껍데기)를 썰어낸 조각으로 만든 성(城) 모형으로 빛깔이 아름다운 조형물이 우리의 자개작품 문화와 유사하다.

Model of the Dome

도시 외곽에 위치한 무스카트(Muscat) 해변을 따라 주위가 사막의 황량한 지역인데, 바람 휘날리는 갈대 습지를 품은 아담한 호수에 백로들이 거니는 모습이 사막의 오아시스다.

(5) 두바이로!

 무스카트(Muscat)에서 국제버스로 이웃나라인 아랍에미리트(UAE)의
두바이(Dubai)로 가다.

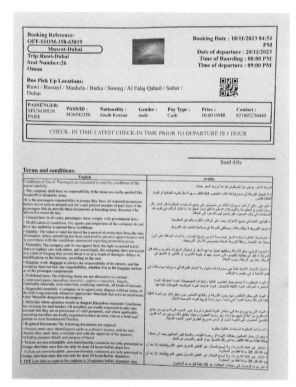

두바이행 국제버스표
무스카트(Muscat) → 아랍에미리트(UAE)의 두바이(Dubai)

14

아랍에미리트(UAE, United Arab Emirate)

아라비아 반도 남동부에 위치한 전제군주제 연방국가이고 수도는 아부다비(Abu Dhabi)이다. 이 지역에 인류가 거주하기 시작한 시기는 수 만년 전, 아프리카에서 발원한 원생 인류가 전세계로 뻗어가는 과정에서 이 지역에 정착했다고 고고학에서는 말하고 있다. 청동기 시대에 전성기를 이루었으며 인도의 인더스(Indus) 문명, 레반트(Levant), 메소포타미아(Mesopotamia) 문명의 국가들과 활발히 교역하며 번영하였다고 한다.

1. 두바이(Dubai)

　페르시아만(Persian Gulf) 남동쪽 해안에 위치한 아랍에미리트(UAE)의 최대 도시로 아랍에미리트를 구성하는 7개국의 토후국 가운데 하나인 두바이(Dubai) 토후국의 수도이다.

　두바이는 페르시아만에 지리학상으로 중요한 곳에 위치해 무역의 허브 및 문화의 중심지로 꾸준히 성장하여 세계적 대도시로 명성이 나 있다.

(1) 두바이 프레임(Dubai Frame)

　금빛 액자 모양의 건물과 그 주위의 파노라마처럼 펼쳐진 구도심과 신시가지의 조망이 환상이다.

(2) 미래의 박물관(MOTF)

두바이에서 가장 유명한 랜드마크 중 하나로 고속도로인 세이크 자
예드 로드(Sheik Zayed Road) 주변에 웅장하게 자리잡은 '살아 있는 박
물관'이라 불리며 현재를 뛰어넘어 미래의 무한한 가능성을 경험할 수
있는 체험 장소이다.

실크로드를 따라 북극에 서다

(3) 부르즈 할리파 빌딩(Burj Khalifa B/D)

　두바이 신도심 지역에 있는 높이 828미터의 마천루로 세계 최고층 건물이다.

　두바이 몰(Dubai Mall)에서 쇼핑과 아쿠아리움(Aquarium)에서 두바이 최첨단 수족관 및 수중 생물들을 관람할 수 있다.

(4) 사막 보호 국립공원(Dubai Desert Conversation Reserve Area)

　사막 자연보호 구역으로 두바이 총면적의 5%를 차지하며 자연 그 대로의 사막을 체험할 수 있다.

사막의 해지는 모습

실크로드를 따라 북극에 서다

(5) 그랜드 자 빌 모스크(Grand Zabeel Mosque)

아름답고 훌륭한 건축물로 정교한 이슬람 형태를 표출하고 있다.

두바이(Dubai)에서 사우디아라비아(Saudi Arabia)의 수도 리야드
(Riyadh)로의 육로 여행은 황량한 사막을 뚫고 가는 도로가 여의치 않
아 비행기로 짧은 시간에 이동하였다.

두바이(DXB) → 사우디 아라비아(Saudi Arabia)의 리야드(RIYADH)

15

사우디 아라비아 왕국(Kingdom of Saudi Arabia)

중동 및 서아시아에 있는 전제 군주국이다.

아라비아 반도(Arabian Peninsula)의 대부분을 차지하는 서남아시아에서 제일 큰 아랍국가이다.

홍해(Red Sea)와 페르시아만(Persian Gulf)에 해안선을 가지고 있으며 영토 대부분은 사막과 산맥들로 구성되어 있다.

고대 문명이 번성한 유서 깊은 지역이고 이곳 메카(Mecca) 지역에서 7세기 초에 이슬람교가 발생하였다고 하며 수니파 이슬람 국가이다.

1. 리야드(Riyadh)

사우디 아라비아의 수도이고 사우디 아라비아의 중부에 위치한 나지드(Najd) 고원의 동쪽 사막 한가운데 위치하고 있다.

(1) 와디 나마르 공원(Wadi Namar Park)

리야드에 위치한 와디 나마르 공원에는 댐, 호수, 폭포 등이 시민들의 휴식처로 항상 붐비고 있는 곳이라 한다.

(2) 사우디 아라비아 국립 박물관(Saudi Arabia National Museum)

사막의 장미(Desert Rose)란 주로 사막지대에서 발견되는 석고(셀레나 이트, Selenite)성분으로 장미꽃같이 보인다 해서 붙여진 이름이다.

사막의 장미

인물 벽화
고대 아라비안(Arabian)인의 얼굴 특징을 표현한 벽화이다.

문명이 발달된 지역의 유약 도자기, 그릇, 유약을 바르지 않은 항아 리 등의 시대 생활을 보여준다.

실크로드를 따라 북극에 서다

(3) 킹덤 센터(Kingdom Centre)

리야드(Riyadh)에 위치한 303.2미터 높이의 마천루가 장엄한 자태를 뽐내고 있다

(4) 킹 카리드 모스크(King Khalid Grand Mosque)

    회교 사원의 건축물이 눈이 부실 정도의 흰색 모스크로, 내부 기도 공간도 흰색으로 종교의 순수함을 표출한 것 같다.

       실크로드를 따라 북극에 서다

2. 히트 동굴(Heet Cave)

리야드(Riyadh)에서 약 30㎞ 떨어진 외곽 지역의 사막에 위치한, 푸른 물을 품은 고즈넉한 동굴이 신기하다. 곧 맑고 투명한 물에서 용(龍)이 솟구칠 것 같다.

담맘행 기차표
리야드(Riyadh) → 담맘(Dammam)

리야드(Riyadh)에서 다음 목적지
인 이웃나라 카타르(Qatar)의 수도인
도하(Doha)로 가기 위해, 먼저 기차
로 동부 쪽 페르시아만(Persian Gulf)
의 담맘(Dammam)으로 발걸음을 옮
겼다.

SAR 기차

실크로드를 따라 북극에 서다

3. 담맘(Dammam)

동부주의 주도이자 리야드(Riyadh), 제다(Jeddah)에 이어 사우디아라비아에서 3번째로 큰 도시로, 항구도시로 페르시아만(Persian Gulf)에 있는 무역항이다.

담맘(Dammam)에서 육로를 이용하여 카타르(Qatar)와의 국경인 살와(Salwa-Qatar Port)로 이동하였다.

사우디아라비아 측에서 출발하여 양국 국경을 넘어 카타르의 아부삼라(Abu Samra) 검문소를 거쳐 카타르의 도하(Doha)까지 직접 갈 수 있는 택시를 구하여, 긴 거리에는 있는 양국 입출국사무소를 통과하여 수도인 도하(Doha)로 갔다.

실크로드를 따라 북극에 서다

사막의 낙타 무리

16

카타르(State of Qatar)

중동 또는 서아시아에 있는 입헌 군주국이며 수도는 도하(Doha)이다.

기원전 6세기경부터 카타르 지역에 정주한 정착민의 문화와 기원전 4~5세기경 티그리스(Tigris) 및 유프라테스(Euphrates)강을 중심으로 번성했던 알 우바이드(Al-Ubaid) 문명과 교류가 성행했고 기원전 2~3세기경, 서부해안은 메소포타미아(Mesopotamia)와 인더스(Indus) 문명 간 교역의 중심지 역할도 하였다고 한다.

1. 도하(Doha)

도시의 이름인 도하(Doha)는 아랍어로 '큰 나무'를 의미한다고 하며 중동지역의 떠오르는 별이자 위대함을 가지고 있는 도시로 역사적 매력과 고대 전통을 중심으로 세워졌기에 오래된 시장과 현대적인 쇼핑몰이 공존하고 있다.

(1) 수크 와키프 전통시장(Souq Waqif)

도하의 재래시장으로 미로 같은 골목골목마다 다양한 가게들이, 과거로부터 오랫동안 베두인(Bedouin)족의 다양하고 활기찬 유목생활 모습을 생생하게 보여 주고 있다.

전통 고미술품을 파는 점포

실크로드를 따라 북극에 서다

전통 새 시장

(2) 진주조개 기념물(The Pear Monument)

    오일(Oil)이 발견되기 전에 이곳 해변 주민들의 진주조개잡이가 일반
적이었던 것을 진주조개 형상물로 표현하는 상징물이다.

(3) 코르니쉬(Corniche)

 페르시아만(Persian Gulf)을 품은 해안 산책로를 따라 걸으니, 우뚝 솟은 마천루와 어우러진 신기루가 펼쳐진다.

(4) 루사일(Lusail)

  도하 도심에서 북쪽으로 약 23㎞ 떨어진 해안에 위치한 도하 다음
으로 큰 계획도시로 선착장, 섬 휴양지, 명품 쇼핑몰 및 레저시설 등
이 고루 갖추어진 카타르의 미래 꿈이 깃든 곳이다.

루사일 마리나 프로메나드(Rusai Marine Promenade)

(5) 카타라 문화마을(Katara Village)

천 마리의 비둘기가 서식할 수 있는 둥지가 있는 비둘기 타워
(Pigeon Tower)가 아름답고 독창적 전통 이슬람 건축물과 어우러져 볼
거리를 제공한다.

도하(Doha)에서 쿠웨이트(Kuwait)로 가
는 직통육로가 없고 사우디아라비아를
거쳐야 하기 때문에 비행기를 이용하여
이동하였다.

쿠웨이트(Kuwait) 입국 비자(Visa)

실크로드를 따라 북극에 서다

17

쿠웨이트(Kuwait)

서아시아에 있는 입헌군주국으로 수도는 쿠웨이트시티(Kuwait City)이다. 사우디아라비아(Saudi Arabia), 이라크(Iraq), 이란(Iran)과 국경을 접하고 있고 페르시아만(Persian Gulf) 해역에 둘러 싸여 있어 항상 이 국가들로부터 다양한 문화적 영향을 받아 왔고 주요 문화는 이슬람교 문화이다. 쿠웨이트 문화 중 사람 대접하는 일을 중요시하는 사회문화로, 사람 간의 악수와 양 볼을 입맞추는 전통적 인사로 친근함을 나타내는 문화와 자기집으로 초대한 손님에게 친근함을 전달하려는 마음으로 꼭 차(Tea)를 대접하는 풍속(風俗)이 독특하다.

1. 쿠웨이트 시티(Kuwait City)

　쿠웨이트의 수도로 15~16세기경에는 읍락(邑落) 도시였고 17세기경
까지 소수의 어부들이 거주하여 주로 어촌(漁村)의 역할을 하다가 18
세기경 인도(India)'와 무스카트(Muscat), 바그다드(Baghdad) 그리고 아
라비아(Arabia) 지역을 연결하는 경제적 집산지로 빠르게 번영했다고
한다.

(1) 리버레이션 타워(Liberation Tower)

　시내 중심에 위치한 전파송출 및 관광용 탑이다. 리버레이션 타워라는 이름이 붙은 이유는 쿠웨이트를 침공하여 점령한 이라크(Iraq)로부터 해방을 기념하기 위해 세워져 명칭되었다고 한다.

(2) 그랜드 모스크(Grand Mosque of Kuwait)

쿠웨이트에서 가장 큰 이슬람 건축물이다.

(3) 쿠웨이트 수산시장(Kuwait Fresh Fish Market)

어선 기항지(Old Ship Port)를 품고 있어 많은 어선선박이 페르시아만 (Persian Gulf)에서 잡은 독특한 어종들을 만날 수 있다.

4) 무바라키야 시장(Mubarakiya Old Market)

쿠웨이트에서 가장 오래된 시장이라 하는데 땅이 넓지 않은 국가 도시에서, 그 옛날 시장 곳곳에 굉장히 북적거렸던 역사적 흔적들이 남아 있다.

(5) 해넘이 관망장소(Sunset Point on Harbor)

페르시아만(Persian Gulf)으로 넘어가는 해가 바다를 붉고 아름답게
물들인다.

(6) 쿠웨이트 국립 박물관(National Museum)

왕관을 쓰고(Statue of King) 왕좌에 앉은, 기원전 2~4세기 헬레니즘 시대(Hellenistic Age)에 왕의 모습을 점토(Clay)로 형상된 출토품이다.

왕관을 쓰고 왕좌에 앉은 왕(Statue of King)

석회암 재질로 조성된 돌고래 상(Statue Dolphin)은 고대 청동기시대 (Bronze Age)에 만들어진 출토품이다.

돌고래 상(Statue of Dolphin)

(7) 쿠웨이트 시티의 선착장(Souq Sharq Marina)

각양각색의 소형 선박이 발 디딜 틈 없이 정박되어 고층 건물들과 어우러진 아름다운 풍경이 현대적 도시를 더욱더 돋보이게 하고 있다.

(8) 비행기를 타고 바레인으로

바레인 입국 비자(Visa)

쿠웨이트에서 육로로 섬나라인 바레인(Bahrain)으로 가려고 하면, 우선 사우디아라비아를 반드시 거쳐 이동하여야 하며, 바레인 국경 섬과 연결하는 킹 파흐드 코즈웨이(King Fahd Causeway)란 해상교량 을 이용해야만 바레인의 수도 마나마(Manama)로 갈 수 있다. 하지만 시간과 장거리 육로가 용이하지 않아 단시간 비행기를 이용했다.

18

바레인(Kingdom of Bahrain)

바레인 왕국, 중동 아시아에 있는 섬나라로 입헌군주제 국가로 수도는 마나마(Manama)이다.

국명 바레인은 아랍어(語)로 '두 개의 바다'를 뜻한다 한다. 이슬람교가 국교로 정해져 대다수의 국민이 믿고 있으나 타 종교에 너그러운 편이다.

한편 아랍권 국가임에도 술이나 돼지고기 등을 자유롭게 판매하거나 먹을 수 있어 사우디아라비아와 섬나라 바레인을 연결하는 킹 파흐드 코즈웨이(King Fahd Causeway)라는 해상교량을 통해 주위 이슬람 국가에서 수시로 방문한다고 한다.

1. 마나마(Manama)

 페르시아만(Persian Gulf)에 위치하고 있고 바레인(Bahrain) 섬에서 북동쪽에 있다. 도시의 어원은 아랍어(語)로 '휴식의 장소' 또는 '꿈의 장소'를 의미한다고 한다.

실크로드를 따라 북극에 서다

(1) 알 파테 그랜드 모스크(Al Fateh Grand Mosque)

　　모스크 천정 돔(Dome)은 유리섬유로 만들어졌으며 세계에
서 가장 큰 유리섬유 돔(Dome)이라 하고 그 자재는 인도, 오
스트리아, 이탈리아 등에서 수입해 신에 대한 경외심을 표현
한 마음으로 건립했다고 한다.

(2) 바레인 국립 박물관(Bahrain National Museum)

　전형적인 딜문 문명 비문(Formative Dilmun, B.C 3200~B.C 2200)은 딜
문과 메소포타미아 문명의 상품 수입에 대한 기록으로 딜문의 배들이
외국 땅에서 바치는 헌사로 나무를 가져다 주었다고 새겨져 있다. 딜
문(Dilmun)은 B.C 4세기 후반부터 800년까지 현 바레인(Bahrain) 지역
에서 성행한 고대 동(東) 셈족의 문명으로 페르시아만, 메소포타미아
문명과 인더스 문명 사이의 중요 교역 역할을 했다고 한다.

　딜문(Dilmun) 문명의 매장(Burial Dilmun) 문화로 B.C 2000~B.C
1900년경의 이곳에 문화를 이룬 딜문(Dilmun)의 성인 남자의 매장 문
화를 보여준다.

전형적인 딜문 문명의 비문(Formative Dilmun)

딜문(Dilmun) 문명의 매장(Burial Dilmun)

과거 바레인의 교육하는 풍경으로, 옛날 우리의 각 마을에 설치된 초, 중 단계의 사설교육 기관인 서당에서 향촌사회에 대한 예법과 글을 가르치는 풍경이 흡사한데 이슬람 문화를 가르치는 광경이다.

전통의상 및 보석으로 치장하고 전통 혼례를 치르는 신부 장식(The Bridal Jewellery)인데 지역 전통 금세공인이 만들어 더욱더 아름답고 세련되었다.

바레인(Bahrain)에서 페르시아만을 건너 이란(Iran)의 반다르 아바스(Bandar Abbas)항으로 가야만 철길을 통해 수도인 테헤란(Teheran)을 경유하여 실크로드(Silk Road)를 따라 설국열차를 탈 수 있다.

그러나 세계적 유행병의 이유로, 이곳에서는 아직까지도 바다를 건너는 여객선이 없다고 한다. 단 아랍에미리트(UAE)에서 호르무즈 해협(Strait of Hormuz)을 건너 반다르 아바스로 가는 여객선을 탈 수 있다는 정보로 아랍에미리트의 샤르자(Sharja)항으로 달려 갔다.

19

아랍에미리트(The United Arab Emirates, UAE)

1. 샤르자(Sharjah)

샤르자항 여객 터미널

아랍에미리트(UAE)를 구성하는 7개의 토후국 중 하나로 두바이
(Dubai)와 인접하고 있어 이동이 용이하다. 이곳 샤르자 항구에서 여
객선을 타고 호르무즈 해협(Strait of Hormuz)을 건너 이란의 반다르 아
바스(Bandar Abbas)항으로 갈 수가 있다.

여객선의 운항 정보를 알기에 여의치 않아 천신만고 끝에 샤르자항 원거리에 있는 매표소를 찾아 표를 구매할 수 있었다. 물론 이란 비자(Visa)는 쿠웨이트(Kuwait) 체류 당시 이란 대사관을 방문하여, 까다로운 질문에 대한 진실성 있는 답변을 했는지 하루 정도 걸려서 입국 비자를 이미 받아 놨기에 문제없이 승선표를 구매하고 출발하였다.

이란 반다르 아바스행 배표
샤르자(Sharjah, UAE) → 반다르 아바스(Bandar Abbas, Iran)

이란 입국 비자(VISA)

실크로드를 따라
북극에 서다

제3장

페르시아만(Persian Gulf)의
호르무즈 해협(Strait of Hormuz)을 건너
페르시아(Persia)의 문명과
코카서스(캅카스, Caucasus) 3국을 만나다

20

이란(Islamic Republic of Iran)

이슬람 공화국으로 북서쪽으로는 아르메니아(Armenia)와 아제르바이잔(Azerbaijan)과 접경하고 있고 북쪽으로는 카스피해(Caspian Sea)가 있으며 북동쪽에는 투르크메니스탄(Turkmenistan), 동쪽으로는 아프가니스탄(Afghanistan)이 있다.

남동쪽에는 파키스탄(Pakistan)이 자리하며 남부해안선을 따라 페르시아만과 오만만이 있으며 서쪽으로 튀르키예(Turkye)와 이라크(Iraq) 등 많은 국가들과 접경하고 있다. 수도는 테헤란(Teheran)이다.

세계에서 가장 오래된 문명들의 발상지이고 7세기에 이슬람교를 믿는 아랍인들이 고대제국을 정벌하였고 이후 페르시아(Persia), 즉 이란 지역은 이슬람 문화와 예술의 중심지로 번영하면서 이슬람의 황금기를 이끌었다. 민족적, 언어적, 종교적으로도 굉장히 다원화된 사회를 구성하고 있다.

대한민국 고대사의 관계로 이란의 구전 설화집인 쿠쉬나메(KUSH-NAME)'에 페르시아 왕자가 신라 공주와 결혼한 설화가 있고 1,300여 년 전부터 양국 간 교류가 있어 유물에 흔적이 있다고 한다.

그래서인지 우리의 전통사극인 〈주몽〉을 아직까지도 TV에 방영하는 것을 보니 '끈끈한 인연이란 쉽게 떨쳐 버릴 수가 없구나' 새삼 느껴진다.

1. 반다르 아바스(Bandar Abbas)

이란(Iran) 남부에 위치한 항구도시로 호르무즈 해협(Strait of Hormuz)과 접하고 있다.

반다르 아바스에서 기차(Train)에 몸을 싣고 수도인 테헤란으로의 장대한 여정의 시작을 알리었다.

반다르 아바스 출발 테헤란행 기차표
반다르 아바스(Bandar Abbas) → 테헤란(Teheran)

테헤란 가는 길의 모래 산 풍경

실크로드를 따라 북극에 서다

2. 테헤란(Teheran)

이란의 수도로서 정치, 경제, 문화중심지이다. 서아시아에서 가장 큰 도시로 해발 약 1,200미터의 고원에 위치하고 있다.

테헤란 기차역

(1) 골레스탄 궁전(Golestan Palace)

테헤란에 있는 건축물로, 전통적 페르시아의 예술과 유럽의 건축양식을 건축물에 접목한 건축기술은 동서양의 통합된 건축예술로 높게 평가받는다고 한다.

실크로드를 따라 북극에 서다

(2) 그랜드 바자르 전통시장(Grand Bazaar)

테헤란이 위치한 중동지역에서 가장 큰 전통시장이다. 이란의 풍부한 문화유산과 역사가 있으며 매력적이고 독특한 장소이다. 페르시아 양식과 이슬람 양식이 혼합되어 시장의 구불구불한 골목마다 어우러져, 손으로 짠 페르시아 카펫, 보석, 전통 수공예품의 가게들과 향신료, 울긋불긋한 과일, 사탕, 전통 차(Tea) 등을 양껏 진열한 가게들로 눈이 호강한다.

(3) 보르제 아자디 타워(Burj Azadi Tower)

테헤란의 '자유의 상징물'로 1971년 페르시아 개국 2500주년을 기념
하기 위해 만들어졌으며 아자디(Azadi)란 '자유'라는 뜻이라 한다.

(4) 레자 압바시 박물관(Reza Abbasi Museum)

이슬람 이전 시대와 이슬람 시대 모두에서 기원전 2000년까지 거슬
러 올라가는 독특한 페르시아 예술품을 전시하고 있다.

아기를 안고 있는 여인상(Woman Carrying a child)은 도자기(Pottery)
작품으로 BC 1세기경에 만들어진 것이라 한다.

아기를 안고 있는 여인상(Woman Carrying a child)

말 모양 도자기 잔(Pottery Rhyton of Shape Horse)은 BC1세기경에 잔(rhyton)을 사용해 술을 마시거나 독주와 같은 의식 등에 사용했다고 한다.

말 모양 도자기 잔(Pottery Rhyton of Shape Horse)

염소 앞부분 모양의 황금 용기(Golden Vessel of Forepart Goat)로 BC 6세기-4세기에 사용했던 용기 종류이다.

염소 앞부분 모양의 황금 용기(Golden Vessel of Forepart Goat)

황금 빗(Golden Comb)의 형상은 양쪽 천사(Angel)의 조각과 금과 옥으로 만든 빗(Comb)으로 AD 2세기에 유행하였다 한다.

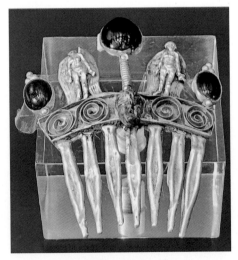

황금 빗(Golden Comb)

실크로드를 따라 북극에 서다

테헤란의 고티, 아자디(Azadi) 서부 버스터미널에서 국제버스로 이란의 고르다슈트(Kordasht)와 아르메니아의 메그리(Meghri) 국경을 경유하여 낮, 밤을 지나서야 아르메니아(Armenia)의 수도 예레반(Yerevan)에 도착하였다. 이쪽 지역은 협곡 지역이라 철로가 없다. 또한 양국 간 종교가 이슬람과 기독교로 서로 달라 왕래가 많지 않다.

예레반(Yerevan)행 국제버스표

이란과 아르메니아의 국경 지역의 눈 덮인 협곡

21

아르메니아(Armenia)

캅카스(코카서스, Caucasus) 남쪽에 위치한 내륙국이며 수도는 예레반(Yerevan)이다.

이란(Iran), 조지아(Georgia), 아제르바이잔(Azerbaijan), 튀르키예(Turkye)와 국경을 접한다.

주변국과 다르게 인구의 92.5%가 기독교 일파인 아르메니아 사도교회(Armenian Apostolic Church)를 믿는다. 주변의 이슬람교 국가의 침입을 받았으면서도 그 영향력이 오히려 역으로 되었기에 정교회문화를 지킬 수 있었던 것이라 하여 자긍심이 대단하다.

성탄절 바로 전이라 더욱더 도시 전체가 기독교적인 분위기로 흠뻑젖는다.

1. 예레반(Yerevan)

아르메니아의 수도로 세계에서 가장 오랫동안 인간이 살아온 지역 중 한 곳이라 한다. 포도주, 브랜디 및 담배 제조업이 발달해 있어서 이와 관련된 상품들을 직접 만날 수 있다.

(1) 공화국 광장(Public Square)

아르메니아 예레반에 위치한 역사적 광장으로 주위가 온통 기독교의 축제 분위기다.

공화국 광장의 성탄절 분위기

자동차에 가득 채운 공예품을 팔고 있다

(2) 예레반 호수 공원(Yerevan Lake Park)

예레반 시내에 위치한 저수지로 조류들의 군무가 장관이다.

(3) 예레반 캐스케이드(The Cascade Complex)

캐스케이드는 예레반에 위치해 있고 572계단으로 연결된 5개의 언덕 테라스로 구성되어 있고 이곳 분쟁의 역사를 기념하는 군사 박물관과 아르메니아 어머니 동상이 있다.

예레반 캐스케이드(The Cascade Complex)

실크로드를 따라 북극에 서다

(4) 아르메니아 역사 박물관(History Museum of Armenia)

1919년에 설립된 아르메니아의 박물관으로 예레반의 공화국 광장에 있다.

아프로디테 여신상(Aphrodite)은 BC 1~2세기, 대 아르메니아 왕국때에 세워진 그리스 신화 속 미(Beauty)와 사랑의 아프로디테 여신상 미술품이다.

아프로디테 여신상(Aphrodite)

말 탄 왕자의 사냥 모습을 표현한 조각 미술품(BC 1~2세기)이다.

(Bas-Relief of Prince's Hunting on Horseback)

양각 포도 문양이 첨가된 큰 항아리(Pitcher with image of Bunch Grapes)는 AD 7세기의 작품으로 항아리에 포도 문양을 양각한 것으로 포도액을 보관하는 큰 용기이다.

양각 포도 문양이 첨가된 큰 항아리(Pitcher with Image of Bunch Grapes)

교회 관련 석물모형(Model of a Church)은 AD 11~13세기의 석재 (Stone) 조각품으로 십자가(Cross), 교회 모형, 아기 예수와 마리아상 등이 당시의 활발한 종교 모습을 보여 준다.

교회 관련 석물 모형(Model of a Church)

실크로드를 따라 북극에 서다

2. 아자트 호수(Azat Lake)

아자트(Azat) 계곡의 주상절리와 호수의 어우러짐이 순수한 자연의 아름다움을 자아낸다.

아자트 호수(Azat Lake) 경관

3. 게하르트 수도원(Monastery of Geghard)

게하르트 수도원은 아르메니아 코타이크(Kotayk) 지방에 있는 중세 수도원으로 절벽으로 둘러 싸인 인접한 계곡의 바위를 파서 깎아 만든 교회와 종교적 수도 장소로 유네스코 세계 문화유산으로 등재되어 있다.

게하르트 수도원(Monastery of Geghard)

실크로드를 따라 북극에 서다

예레반(Yerevan)에서 국제열차로 조지아(Georgia)의 수도 트빌리시 (Tbilisi)로 향하였다.

기차표
예레반(Yerevan) → 조지아(Georgia)의 수도 트빌리시(Tbilisi)

22

조지아(Georgia)

캅카스(코카서스, Caucasus)지역에 위치하고 있으며 북쪽은 러시아 (Russia), 남쪽은 튀르키예(Turkye)와 아르메니아(Armenia), 남동쪽은 아제르바이잔(Azerbaijan)과 국경을 접하고 있다. 수도는 트빌리시 (Tbilisi)이고 대부분 조지아 정교를 믿는다.

흑해(Black Sea)와 유럽에서 가장 높은 캅카스산맥(Caucasus Mountains)을 안고 있어 이로 인해 뛰어난 경치와 자연환경 때문에 오래전부터 많은 사람들에게 휴양지로 유명하며 또한 와인(Wine)이 처음으로 만들어진 나라답게 모든 사람들에게 와인이 친숙하다.

1. 트빌리시(Tbilisi)

조지아의 수도로 과거 역사 속에 아랍인과 튀르크인들에 의해 수차례 험난한 고통을 당하였다고 하는데도 곳곳에 그들의 정신적 역사가 많이 존재한다.

(1) 나리칼라 요새(Narikala Fortress)

요새를 둘러싸고 있는 성벽이 그 어떤 난관도 방어할 수 있으리라 연상하여도, 과거 강력한 몽골제국(Yuan Empire)의 힘에 무너졌다는 역사적 사실에 혼란이 온다. 성벽 아래로 펼쳐진 트빌리시의 전경이 언제 그런 역사적 소용돌이가 있었냐는 상상하지 못할 만큼 평안함을 보여준다. 낮과 밤의 요새의 모습이 서로 다른 느낌을 준다.

실크로드를 따라 북극에 서다

(2) 조지아 어머니상

　조지아 어머니상(Kartlis Deda Mother of Georgia)은 나리칼라 요새 한쪽에 위치한 20미터 높이의 트빌리시의 상징적 조형물이다.

　친구로 방문한 이에게는 왼손에 든 와인이 가득 담긴 잔을 내밀고, 적으로 방문한 이에게는 오른손에 든 검으로 응대한다는 조지아 어머니 상이다.

조지아 어머니(Mother of Georgia)상

(3) 평화의 다리(Bridge of Peace)

다리는 트빌리시 중심을 흐르는 쿠라강(Kura River)을 가로질러 놓여 있고, 수많은 불빛으로 조명된 강철 및 유리 구조물인 활 모양의 보행자 전용 다리로 트빌리시 중심부의 구시가지를 연결한다.

평화의 다리(Bridge of Peace)

실크로드를 따라 북극에 서다

(4) 성 삼위일체 대성당(Holy Trinity Cathedral)

성 삼위일체 대성당(Holy Trinity Cathedral

수도 트빌리시에 있는 조지아 정교회의 주요 성당 중 하나로 조지아
어(語)로 '삼위일체'를 의미하는 사메바(Sameba)라고 불리는 랜드마크
이다. 전통적인 조지아 건축양식을 유지하면서 대성당의 웅장함을 강
조하여 지어진 성당이라 한다.

2. 우프리스치케(Uplistsikhe Complex)

조지아 동부지역에 있는 암석도시이고 조지아어(語)로 주의 요새라 부르는 동굴집단거주 지역으로, 청동기시대부터 직접 바위를 깎아 주거지로 만들어 거주하였고 한때는 기독교인들의 항쟁 중심지였다고 한다.

우프리스치케(Uplistsikhe)

실크로드를 따라 북극에 서다

3. 아나누리 요새(Ananuri Fortress)

    트빌리시에서 약 45마일 떨어진 아나누리 성채는 두 개의 성이 연결
된 구조로, 중세에 건축한 성채로 주위로 펼쳐진 진발리(Jinvali) 호수
와 산과 어우져 한 폭의 그림을 그리고 있다.

아나누리 요새(Ananuri Fortress)

4. 스테판츠민다(Stepantsminda)

　조지아의 동북부에 있는 작은 마을로 러시아로 가는 길목인 카즈베기(Kazbegi)로도 불리는 이곳은 험준한 산으로 둘러 싸여 있고 세계적으로 유명한 카즈베기산이 있는 곳이다.

　산 아래 눈 덮인 마을이 고요하며 외롭게 보이면서 너무 평온하다.

스테판츠민다(Stepantsminda)

5. 아제르바이잔 입국 과정

조지아의 트빌리시(Tbilisi)에서 이웃 나라인 아제르바이잔
(Azerbaijan)의 수도 바쿠(Baku)로 가는 철로 및 육로의 이동수단이,
세계 유행병으로 모두 폐쇄된 이후에 2024년 초인데도 아직까지도 운
행이 중단되고 있다고, 국제 기차역 및 버스터미널에서 고개를 좌우
로 흔든다. 할 수 없이 오직 가능하다는 비행기를 이용했다.

또 다른 문제로 나의 여권(Passport)에 적대국 관계인 아르메니아
(Armenia)의 입국 날인이 있기 때문에 아제르바이잔(Azerbaijan) 입국
거부를 당한다며 주위에서 우려를 표해 왔었다. 그러나 입국방문 시도
를 해 보고 어쩔 수 없으면 돌아와야지, 하고 시도한 것인데, 첫 대면에
서 여성 입국심사관이 나의 여권을 보자 한국말로 "안녕하세요"라고 먼
저 말을 건너며 살며시 미소 지으며 말없이 아르메니아 입국날인 옆에
다가 입국허가 날인을 해준다. 나는 너무 고마워 연신 "탱큐 유(Thank
You), 탱큐 유 베리 마치(Thank you very much)"를 진심 있게 외쳤다.

23

아제르바이잔(Republic of Azerbaijan)

칸카스(코카서스, Caucasus)에 위치한 공화국으로 수도는 바쿠(Baku)
이다.

동쪽은 카스피해(Caspian Sea)와 접하고 북쪽은 러시아(Russia)의 다
게스탄 공화국(Republic of Dagestan) 서쪽으로는 조지아(Georgia)와 아
르메니아(Armenia), 남쪽으로는 이란(Iran)과 접경하며 바다 없는 내륙
국이다.

이슬람 국가이지만 분위기가 자유스럽고, 불의 나라답게 천연가스
및 석유의 지하자원이 풍부하다.

아제르바이잔(Azerbaijan) 내에 있는 나고르노 카라바흐(Nagorno-
Karabkh) 지역을 놓고 아르메니아(Armenia)와 분쟁을 하고 있는데, 국
제적으로 아제르바이잔의 영토로 인정하고 있지만 실질적으로 아르
메니아인들이 지배하고 있어 두 차례 치열한 전쟁도 했고 휴전을 했
지만 결코 평화협정에 이르지 못하고 있다.

1. 바쿠(Baku)

아제르바이잔의 수도로 카스피해(Caspian Sea) 서쪽 연안의 항구도시이다. 기원전부터 사람이 거주했으며 5세기에 현재의 도시가 형성되었다는 역사적 기록과 8세기부터 바쿠에 유전(油田)이 존재했던 것으로 추정되고 10세기에는 아랍인 여행자들이 바쿠의 유전지대를 탐험했다는 기록이 전해진다고 한다.

(1) 플레임 타워(Flame Tower)

수도 바쿠(Baku)의 밤을 밝히는 아제르바이잔의 상징적 건물로 바쿠 시내 어디서든지 볼 수 있고 선형 구조 및 형상으로 특히 밤에 밝히는 불빛으로 영원히 사라지지 않을 장관이다.

플레임 타워(Flame Tower)

(2) 아제르바이잔 국가 카펫 박물(Azerbycan Carpet Museum)

바쿠의 중심부에 있고 아제르바이잔 카펫과 실용 미술 국가 박물
관이라고 하며 수세기에 내려온 다양한 기술과 재료로 만든 전통성
의 작품들을 감상할 수 있다.

직물 짜는 모습

왕족의 응접실에 놓인 카펫(Carpet of Nobles Meeting room)

인형(A Doll)은 19~20세기에 만들어진 작품으로 전통 장식재료인 비단(Silk), 면(Cotton), 벨벳(Velvet), 금(Gold), 은(Silver) 등으로 장식하여 시대적 풍속을 표현하였다.

전통 방식으로 직조한 복장을 표현한 인형

(3) 헤이다르 모스크(Heydar Mosque)

　무슬림을 위한 화려하고 인상적인 예배 장소로 95미터 높이의 첨탑 4개로 구성되어 있으며 모스크의 크고 작은 돔은 각각 높이가 55미터와 33미터라니 웅장하다. 내부 장식은 대리석과 목재로 만들어 졌으며 돔의 측면은 코란(이슬람 성전)의 특정 구절로 정밀하게 장식되어 있고 전체 모스크는 고대 아제르바이잔 양식으로 지어졌다고 한다.

2. 고부스탄(Gobustan, Qobustan) 머드 볼케이노(Mud Volcano)

(1) 진흙 화산

진흙 화산으로 지표면 아래의 가스(Gas) 힘으로 진흙이 계속 솟아오르고 불을 붙이면 분화구에 불이 타오른다.

실크로드를 따라 북극에 서다

(2) 고부스탄 암각화 문화경관(Gobustan Rock Art Cultural Landscape)

　석기시대와 청동기시대에 걸쳐 정착한 사람들의 생활인 사냥장면, 사람, 배, 별자리 및 동물 등을 묘사한 수많은 암각화의 경이로움과 주위에 제멋대로 자리한 수천 개의 암각들의 경관을 보면 볼수록 신이 창조했는지, 자연이 만들었는지 곳곳이 신비하고 아름답다.

　세계에서 가장 오래된 암각화로 유네스코 세계문화유산으로 지정되어 있다.

고부스탄 암각화 문화 경관(Gobustan Rock Art Cultural Landscape)

바쿠(Baku)에서 기차로 출발하여 카스피해(Caspian Sea)를 에둘러 카자흐스탄(Kazakhstan)의 악타우(Actay, Aktau)까지 갈 수가 있다. 그러나 이 역시 세계적 유행병으로 인해 이곳 바쿠에서 중간 경유지인 러시아의 마하치 칼라(Makhachkala)로의 철길 운행이 아직 복원되지 않아 어쩔 수 없이 다시 조지아를 경유하여 러시아의 마하치 칼라로 가야만 카스피해를 기차(train)로 한 바퀴에 돌 수가 있다.

바쿠(Baku)에서 기차(train)를 타고 조지아의 트빌리시로 가기 위해서 아제르바이잔 국경 지역인 아그스타파(Agstafa)로 발길을 옮기었다. 그리고 양국 국경을 통과한 후에 약 1시간 거리에 있는 조지아의 트빌리시까지 영업용 승용차로 이동하였다.

아그스타파행 기차표
바쿠(Baku) → 아그스타파(Agstafa)

조지아로 넘어가는 아제르바이잔 국경검문소

24

조지아(Georgia)

1. 트빌리시(Tbilisi)

국경 라스(Lars) 검문소(Check Point)를 나와 지근거리에 있는 트빌리시로 가는 영업용 승용차를 타고는 운전자에게, 최종 목적지가 러시아의 블라디카프카스(Vladikavkaz)라고 하니 트빌리시 시내 종합버스 터미널 부근 장소에서 출발하는 러시아행 중형버스와 연결시켜준다. 조지아에서 러시아 국적 번호판의 중형버스로 이곳에서 러시아로 왕래하는 사람들을 실어 나르는 대중교통 수단이라 하며, 러시아와는 험준한 캅카스(코카서스, Caucasus)산맥이 있어 철길은 없다. 얼마 지나지 않아 러시아행 승객들로 만석이 되어 출발하였고 양국 국경 통과 시간 포함 약 12시간 소요된다고 한다. 목적지가 러시아의 블라디카프카스인 이유는, 기차(train)로 카스피해(Caspian Sea)를 한 바퀴 에둘러 실크로드(Silk Road)를 따라 가려면 필히 철로가 있는 러시아의 마하치 칼라(Makhachkala)로 가야 하기 때문이다. 그러기 위해서는 다른 길이 없다. 이 육로로 먼저 블라디카프카스를 거쳐 오직 육로로 4시간 거리의, 카스피해에 인접해 있는 마하치 칼라로 가는 유일한 길이기 때문이다.

AM: 러시아(Russia) 자동차 번호판
GE: 조지아(Georgia) 자동차 번호판

실크로드를 따라
북극에 서다

제4장

카스피해(Caspian Sea)를
기차(Train)로 에둘러
실크로드(Silk Road)와 만나다

25

러시아(Russia)

현재 전쟁 중인 러시아의 국제적 상황 때문에 입국 문제는 없었지만 국제적 통신불편, 현금 및 신용카드 사용 불가 및 외환 환전이 불편하여 여행자의 발걸음을 무겁게 한다. 그러나 카스피해(Caspian)를 에둘러 실크로드(Silk Road)를 따라 걷고 걸어 설국열차를 타고 북극(North Pole)의 땅끝까지 가는 장대한 여정을 포기할 수는 없다. 계속 걸어야 한다.

1. 블라디카프카스(Vladikavkaz)

러시아의 북 오세티아 공화국의 수도로 남 캅카스의 조지아의 트빌리시를 산악 육로로 연결하는 유일한 통로이며 북 캅카스의 교통 요충지이다.

이곳에서 카스피해(Caspian Sea)의 마하치 칼라로 가려면 오직 육로로 이동해야 되기에 버스로 이동하였다.

마하치 칼라행 버스표

2. 마하치 칼라 (Makhachkala)

러시아 다게스탄(Dagestan) 공화국의 수도이고, 카스피해에 접해 있고 카스피해에서 제일 큰 항구도시이다. 철길이 여행자를 반긴다. 기차에 몸을 싣고 카스피해를 끼고 북으로 북으로 달렸다.

러시아(Russia)와 카자흐스탄(Kazakhstan)의 국경 지역인 러시아의 아스트라한(Astrakhan) 기차역에 도착하였다.

아스트라한행 기차표
마하치 칼라(Makhachkala) → 아스트라한(Astrakhan)

러시아의 아스트라한(Astrakhan)에서 국제열차를 타고 카스피해 북쪽 끝의 카자흐스탄(Kazakhstan) 국경을 넘어 카스피해를 끼고 방향을 남(南)으로 남으로 돌려 악타우(Aktay, Aktau)에 도착하였다.

아스트라한(Astrakhan) 기차역

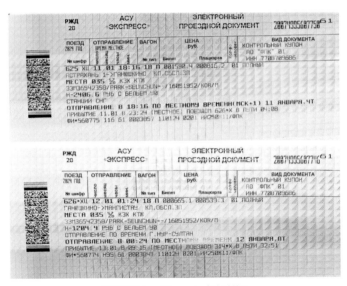

악타우(Aktau, Mangystau)행 기차표
아스트라한(Astrakhan) → 카자흐스탄 악타우(Aktau, Mangystau 기차역)

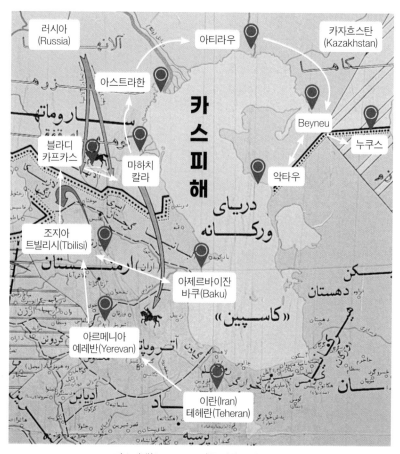

러시아
(Russia)

아티라우

카자흐스탄
(Kazakhstan)

아스트라한

카
스
피
해

블라디
카프카스

마하치
칼라

Beyneu

누쿠스

악타우

조지아
트빌리시(Tbilisi)

아제르바이잔
바쿠(Baku)

아르메니아
예레반(Yerevan)

이란(Iran)
테헤란(Teheran)

카스피해(Caspian Sea)를 기차로 에두르다

실크로드를 따라
북극에 서다

제5장

실크로드(Silk Road)를
따라 걷다

26

카자흐스탄(Kazakhstan)

중앙아시아와 동유럽에 걸쳐 있는 공화국이다. 북서쪽으로 러시아
(Russia), 남쪽으로는 키르기스스탄(Kyrgyzstan), 우즈베키스탄
(Uzbekistan)과 국경을 접하고 동쪽으로는 신장 위구르(Uighur)자치구
와 가깝다. 남서쪽으로는 투르크메니스탄(Turkmenistan)과 국경을 맞
대고 있다.

광대한 평원국으로 건조한 기후로 수목이 자랄 수 없어 전통적으로
유목이 발달하였다 하고 구석기 때부터 사람들이 거주하였으며 신석
기때에는 유목생활에 안성맞춤인 목축이 발전하였다 한다.

또한 비단길(Silk Road)의 전신인 유라시아의 초원의 길인 스텝
(Steppe) 무역로의 중요한 역할을 했다고 하며 이곳에서 최초로 말을
사육했다고 고고학에서는 말하고 있다.

1. 악타우(Aktay, Aktau)

　카스피해에 돌출한 망기슬라크(Mangyshlak) 반도(Peninsula)에 위치한 항구도시로 바다인지 호수인지 모르나 끝을 모르게 넓게 펼쳐진 푸른 물과 물가에 자리한 아기자기한 바위, 돌들과 어우러진 모습이 자연의 휴양지로 손색이 없다.

카자흐스탄의 악타우(Aktau), 망기스타우(Mangystau) 기차역

악타우(Aktay, Aktau)의 카스피해 연안의 풍경

카스피해(Caspian Sea) 연안의 겨울 풍경

2. 투르크메니스탄 대사관을 향해

실크로드(Silk Road)의 발자취를 따라가기 위해서 이곳 악타우(Aktay, Aktau)에서 기차로 출발해서 우즈베키스탄(Uzbekistan)의 고대 실크로드의 흔적을 밟아 가기로 하였다.

그러나 실크로드의 흔적 중 하나인 이웃나라 투르크메니스탄(Turkmenistan)을 방문하려 하면 우선 입국비자(Entry Visa)를 받기에는 상당한 시일이 걸리고 절차도 문제가 있었다. 이웃 다른 국가들에서조차 어려움을 호소하고 있기에, 이런 점을 고려하여 우선 우즈베키스탄의 수도 타슈켄트(Tashkent)로 가서 투르크메니스탄 대사관을 직접 찾아가 상담하기 로 결정하였다. 현지인의 도움으로 우선 국제열차로 악타우(Aktau, Mangystan Rail Station)를 출발하여 이 나라의 국경지역인 베이네우(Beyneu)역을 통과하여 우즈베키스탄의 누쿠스(Nukus)로 가는 기차에 몸을 실었다.

베이네우(Beyneu)행 기차표

누쿠스행 기차표
악타우(Aktau, Mangystan Rail Station) → Beyneu →
우즈베키스탄(Uzbekistan)의 누쿠스(Nukus)

27

우즈베키스탄(Uzbekistan)

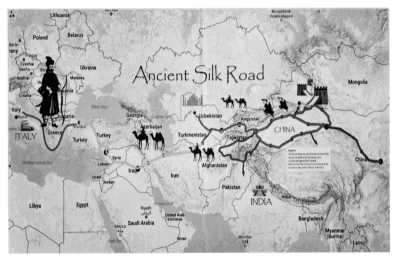

고대 실크로드(Ancient Silk Road) 지도

중앙아시아에 있는 내륙국으로 수도는 타슈켄트(Tashkent)이고 주요 종교는 이슬람교이다. 우즈베키스탄의 어원은 직역하면 우즈(O'Z)는 '우리들의'이라는 뜻이며 베크는 투르크어(語)로 '왕'이라는 뜻으로 우리들의 왕이라는 뜻이고, 스탄은 영어 State와 같은 어원을 가진 지역, 땅이라는 뜻이라 한다. 다시 말하면 '우즈베크'란 어디에도 속하지 않으며 자신들이 세운 왕이 있다는 뜻으로 독립적인 민족이라는 뜻이라 한다.

고대 우즈베키스탄의 중앙아시아에는 그리스인(Greece)과 스키타이인(Scythians)이 살고 있었으며, 고구려인이 당나라와 대결하기 위해서 스키타이-소그드(Sogd)인과 동맹을 맺기 위해 중앙아시아 '우즈베키스탄'을 방문한 아프로시압(Afrosiab) 벽화는 유명하다.

1. 누쿠스(Nukus)

　타슈켄트(Tashkent)로 가기 위해 기차로 고대 실크로드 주역인 부하라(Bukhara)와 사마르칸트(Samarkand)를 통과하고 투르크메니스탄의 입국 비자(Visa)가 해결되면 다시 역사적 도시인 부하라를 방문해야만 된다. 또한 타지키스탄(Tajikistan)의 수도인 두샨베(Dushanbe)로 가는 여정도 사마르칸트를 경유하여 가는 길로 지역 현지인의 조언을 택한 것이다.

타슈켄트행 기차표
누쿠스(Nukus) → 타슈켄트(Tashkent)

2. 타슈켄트(Tashkent)

우즈베키스탄 수도로 이슬람과 그리스 정교, 그리고 러시아 문화까지 다양한 문화가 혼재되어 있다.

주(駐) 투르크메니스탄 대사관을 방문하여 입국비자(Visa)를 상의하려 하니 아무 대화도 없이 한참 있다가 명함 한 장을 건네 주며 연결하라고 한다.

숙소로 돌아와 즉시 명함에 적힌 투르크메니스탄 현지여행사와 메일(Mail)로 주고받고는 체류일자와 비용을 서로 확정하고 여권 사본 및 나에 대한 정보를 보냈다. 다음 날 비자 신청이 되었다며 빨라도 10~14일 정도 지나야 입국비자를 메일로 받을 수 있다 하여 우선 다른 나라로의 여정을 계획하였다.

타슈켄트에서의 여정을 마치고 기차로 우선 근접 거리의 사마르칸트(Samarkand)로 이동하여 육로로 타지키스탄(Tajikistan)의 두샨베(Dushanbe)로 가기로 계획을 세웠다. 그리고 다시 우즈베키스탄의 부하라(Bukhara)로 돌아와 기다리는 동안 입국비자를 받으면, 서로 국경이 인접해 있어 빠르게 이동하여 투르크메니스탄의 고대도시 마리(Mary)로 쉽게 갈 수 있는 여정을 잡았다.

실크로드를 따라 북극에 서다

(1) 하자티 이맘 광장(Hazrati Imom Complex)

이맘 광장에는 16~20세기 모스크 건축물이 여러 개 어우러져 있는데 그중 한 곳의 모스크에는 세계에서 가장 오래된 이슬람교의 경전인 코란(Koran)이 있다고 하나 역사적 이해는 뒤로하고 사진촬영 금지구역이라 의미만 새겨 두었다.

(2) 초르수 시장(Chorsu Bazaar)

중세시대부터 번성하던 전통시장으로 초르수(Chorsu)는 네 개의 물길이 만나는 곳을 뜻하며 돔(Dome) 형식의 실내에 형성된 시장과 주변 지역 아래 위로 수없이 펼쳐진 노천시장이 어우러져 사람과 물건의 풍성함을 보여준다.

(3) 아미르 티무르 박물관(State Museum of Temurids)

　실크로드의 전성기에 중앙아시아를 제패한 아미르티무르(Amir Temur) 제국(1370~1506)과 관련된 유물을 소장하고 있는 박물관이다.

　티무르 청화 도자 건축장식(Temur Blue Porcelain Architectural Dcor)은 14~15세기 작품으로 민속동물화가 우리에게 인상적이다.

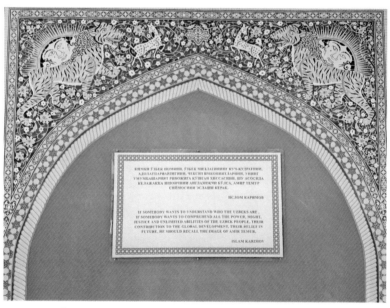

티무르 청화 도자 건축장식(Temur Blue Porcelain Architectural Dcor)

전투 장면(Battle)을 동물가죽에 그려서 시대적 강인함을 표현했다.

전투 장면(Battle)

타슈켄트(Tashkent)에서 기차로 사마르칸트(Samarkand)로 이동하였다.

사마르칸트행 기차표
타슈켄트(Tashkent) → 사마르칸트(Samarkand)

실크로드를 따라 북극에 서다

3. 사마르칸트(Samarkand)

중앙아시아에서 두 번째로 큰 고도라고 하고 돌 요새 또는 바위 도시란 의미라 한다.

지정학적 위치로 서역과 중국의 실크로드(Silk Road) 중간에 위치한, 번성한 이슬람 문화를 가지고 있으며 14세기에는 티무르(Temur) 제국의 수도였다.

(1) 레기스탄 광장(Registan Square)

레기스탄(Registan)은 페르시아어(語)로 모래땅이란 뜻으로 옛날에는 모래로 뒤덮인 사막이었다고 한다. 레기스탄 광장은 티무르 제국의 수도였던 사마르칸트에서 중심지였던 장소이다.

레기스탄 광장(Registan Square)

고대 레기스탄 광장의 광경을 회화화한 현대작품

실크로드를 따라 북극에 서다

모스크 건축물의 아름다운 조화

(2) 아프라시압 박물관(Afrasiyab Museum)

7세기경 만들어진 아프라시압 궁전 벽화가 있으며, 고대에 고구려인'들이 당나라와 대결하기 위해 스키타이(Scythians)-소그드(Sogd)인과 동맹을 맺으러 방문한 고구려 사신단이 그려져 있어 유명하다.

소그드 상인(The Sogdian Merchants)의 모습이 우리 고대사에도 표현되어 낯익다.

매장 문화(Burial Culture)

소그드 상인(The Sogdian Merchants)

실크로드를 따라 북극에 서다

사마르칸트에서 육로로 약 1시간 정도 이동하면 우즈베키스탄 국경 지역과 타지키스탄 국경지역에 도달할 수 있고 양쪽 국가 간 출입국 사무소를 통과하여 타지키스탄의 두샨베로 가기 위해 판자켄트 (Panjakent)로 쉽게 이동할 수 있다.

우즈베키스탄과 타지키스탄의 국경출입국 사무소

28

타지키스탄(Republic of Tajikistan)

중앙아시아의 산국(山國)으로 동부에는 세계의 지붕이라는 명칭을 가진 파미르 고원(Pamir Mountains)이 있으며 북부와 남서부는 저지대로 사막기후를 띠고 있다.

인구 구성의 대부분은 타지크인(Tajik People)이 차지하고 있다.

고대로부터 동 이란계(Eastern Iranian)로 분류되는 스키타이(Scythians)이와 소그드(Sogd) 유목민에 속하는 타지크인들은 중앙아시아 지역인 유라시아(Eurasia)의 유목민들에게 많은 영향을 끼쳤다 한다

이들은 기원전 4세기에 흉노(Xiongnu, 匈奴)에게 기마술을 전파한 고대사가 있다고도 한다.

이슬람 국가이다.

1. 판자켄트(Panjakent)

   판자켄트는 수도인 두샨베(Dushanbe)로 가는 국경지역에 위치하고 있으며 고대 유적도시이다.

   이곳에서 수도 두샨베로 가는 길은 험준하고 꼬불꼬불한 산맥 길이며 철로는 없고 다양한 종류의 대중교통 수단이 있어 약 5~6시간 이동하면 도착할 수 있다.

두샨베(Dushanbe) 가는 길, 빨간 속살을 드러낸 황토 산

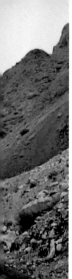

두샨베(Dushanbe) 가는 고원지대의 눈 덮인 암석들

실크로드(Silk Road) 고원 길

2. 두샨베(Dushanbe)

타지키스탄의 수도로 이름은 타지크(Tajik)어(語)로 월요일을 의미하는데 이는 월요일에 개장하는 시장이 있는 마을이 급성장했기 때문에 붙여진 이름이라 한다.

(1) 루다키 공원(Rudaki Park)

이스모일 소모니(Ismoil Somoni) 기념비는 10세기 타지키스탄의 사마니드(Samanid) 왕조의 창시자이며 타지키스탄의 국가영웅인 이스모일 소모니(Ismoil Somoni)의 동상으로 두 마리의 사자(Lion)가 동상 양쪽을 장식하고 있다.

이스모일 소모니(Ismoil Somoni) 기념비

실크로드를 따라 북극에 서다

두샨베(Dushanbe) 독립기념탑(Independence Monument)은 소련 (Union of Soviet Socialist Republics)이 붕괴된 후에 잔재를 청산하고 타지키스탄의 독립을 기념하기 위해 설립한 탑이다.

두샨베(Dushanbe) 독립기념탑(Independence Monument)

(2) 타지키스탄 국립박물관(National Museum)

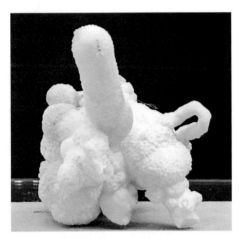

암염(돌소금) (Halite, Rock Salt)

석영의 드루즈(Druze of Quartz)

동물 형상의 도기(Zoomorphic Ceramic Vessel)

여인상(Woman Statue)은 BC 2~3세기 헬레니즘(Hellenism)시대의 작품으로 타지키스탄 남부의 고고학 유적지인 탁티상인(Takht-i Sangin)에서 발견된 여신상이라 한다.

여인상(Woman Statue)

파미르(Pamir)고원 지역을 외국인이 여행하려고 한다면 타지키스탄 정부의 여행허가를 받아야 한다고 하기에 관리관청을 방문하니 여권과 약간의 비용으로 금방 여행허가증을 받았다. 그러나 현재 겨울철이라 폭설로 이동이 잘 안 된다고 하여 포기하고 여름철에 다시 오기로 했다.

파미르고원 지역 여행 허가증

　투르크메니스탄으로 입국하기 가장 가까운 거리에 있으며, 대기 중
에 투르크메니스탄 입국비자 허가가 나오면 여행일자를 확실히 맞추
기 위하여, 이곳 두샨베를 출발하여 다시 타지키스탄의 판자켄트를
경유하여, 우즈베키스탄(Uzbekistan)의 부하라(Bukhara)라는 육로를
이용하여 이동하였다.

　　　　　　　　　　　　실크로드를 따라 북극에 서다

29

우즈베키스탄(Uzbekistan)

1. 부하라(Buxoro, Bukhara)

고대부터 실크로드의 중심지로 번영했던 도시로 부하라 칸국 (Buxoro Xonligi) 당시 만들어진 건축물이 많다. 중앙아시아 최대 이슬람 성지이자 구시가지가 유네스코 세계 유산으로 등록되어 있다.

(1) 부하라 타 키(Taki) 시장

타 키는 큰 거리의 교차점을 반구형 지붕으로 덮은 노천시장으로, 16세기 당시의 타 키는 전문 상점의 집결지로 주위의 많은 민족들이 모여 이곳에서는 무엇이든 찾을 수 있었다고 하며 물품교역뿐만 아니라 동서양의 중요한 정보 교환의 장소였다고 한다.

실크로드를 따라 북극에 서다

(2) 포이 칼란(Poyi-Kalon, Kalan Bukhara)

　포이 칼란은 부하라의 칼란 첨탑 주변에 위치한 이슬람종교 단지로 아름답고 빼어난 유적지들이 많다.

포이 칼란(Poi-Kalan)

칼란 미나렛(Kalan Minaret)

칼란 모스크(Kalan Mosque)

실크로드를 따라 북극에 서다

칼란 미나렛(Kalan Minaret)은 칼란이란 타직어(語)로 '크다'라는 뜻 답게 높이가 46미터이고 역사적 장소로 부하라 어느 곳에서도 보이는 부하라의 상징이다.

칼란 모스크(Kalan Mosque)는 한 번에 1만 2천 명의 신자가 예배할 수 있는 대규모 회교사원이다.

미리 아랍 마드라사(Mir-I Arab Madrasa)

미리 아랍 마드라사(Mir-i Arab Madrasa)는 16세기 3,000명의 포로를 노예로 팔아 건축한 건물이란 역사가 있어서 그런지 외관의 화려한 무늬가 더욱더 인상적이다. 특히 이슬람의 학교로 운영되고 있으며, 중앙아시아의 많은 정치종교 지도자가 이곳을 거쳐 갔다고 한다.

(3) 초르 미노르(Chor-Minor Bukhara)

초르(Chor)는 숫자 '4'이고 미노르(Minor)는 '탑'이라는 뜻이라 하고 그 형태가 특이하고 아름답다.

17세기경에 지어진 4개의 푸른 돔(Dome)으로 의식과 은신처라는 기능을 갖춘 복합체 건물로 지어진 건물이라 한다.

초르 미노르(Chor-Minor Bukhara)

실크로드를 따라 북극에 서다

(4) 아르크 성(Ark Citadal)

AD 5세기경에 군사적 구조로 건축되어 요새로 역사적 역할도 했고 주변지역을 지배했던 왕이 거주했던 곳이라 한다.

18세기경에 착용했던 무사(Army) 갑옷(Armour)은 성(城) 내에 전시된 유물로서 철사를 고리 모양으로 만들어 엮은 전투복이다.

무사(Army) 갑옷(Armour)

투르크메니스탄 입국 비자(Visa)

부하라 관광 중에 투르크메니스탄 입국비자를 받았다. 여행 날짜와 계획을 방문하는 지역여행사와 재확인하였다. 상대지역에서 만나기로 한 안내자(Guide)가 기다리고 있는 시간에 맞추기 위하여, 1시간 남짓 거리에 있는 양국 국경지역으로 육로를 이용하여 이동하였다. Farap 지역의 출국사무소를 통과하니 투르크메니스탄 출입국 사무소로 가는 셔틀버스가 소액을 받고 데려다 준다.

제일 먼저 질병검역소에서 코로나-19 검사를 받아야 입국사무소로 갈 수가 있다 하는데, 지금 2024년 2월인데 생뚱맞다고 생각했다. 검사관의 코를 후비는 검사를 마치고는 이상이 없었다. 그런데 검사관이 슬며시 웃으며 메이드 인 코리아(Made in Korea)와 태극기가 선명한 진단키트 상자를 보여준다.

어떤 말도 필요 없어 빙그레 웃으며 눈인사로 그곳을 나와 입국사무소로 이동하였다.

입국비자를 여권과 함께 제출하니 반갑지 않은 표정으로 여러 가지 질문을 던지며 연결된 지역여행사의 전화번호를 달라고 한다. 그리고는 전화를 한참 동안 걸더니 마치 마지못해 입국 날인을 하는 인상을 받았다. 마중 나온 안내자(Guide)를 만나니 긴장감이 풀어진다.

30

투르크메니스탄(Turkmenistan)

중앙아시아에 위치하며 카스피해(Caspian Sea)를 품고 있으며 이란 (Iran), 카자흐스탄(Kazakhstan), 우즈베키스탄(Uzbekistan), 아프가니스 탄(Afghanistan)과 국경을 맞대고 있다.

8,000년 전부터 농경이 이어져 온 지역으로 동서교역의 역할도 활 발하였다고 하며 페르시아(Persia)로 넘어가는 실크로드(Silk Road) 길 목에 위치하여 실크로드를 따라 도시들이 발전하였다고 한다.

수도는 아시가바트(Ashgabat)이고 하얀색 차(車) 외에 금지 및 건물 도 하얀색 등의 의미심장한 이야기와 한편으로는 중앙아시아의 북한 으로 주변 국가들에게 회자되고 있다고 한다.

1. 마리(Mary)

투르크메니스탄에서 두 번째로 큰 도시로 고대 유적지가 많은 곳이다. 아프가니스탄(Afghanistan)과 국경을 접하고 있는 마리 주의 주도이다.

근대에는 관개시설 확장을 통해 목화재배 중심지로 자리 잡고 있다고 한다.

(1) 전통시장(Merkezi Bazary)

국가 정치는 경직되어 있지만 사람 사는 시장은 무척 자유롭고, 이방인이 시장 구석구석을 활보하니 신기함과 친절함의 미소를 보낸다.

더욱더 전통복을 입고 하교하는 학생들이 이방인을 발견하고는 손가락으로 하트 모양을 그리며 친근함을 나타내니 발걸음이 무척 가볍다.

상인 아주머니들

하트 모양을 그리는 학생들

실크로드를 따라 북극에 서다

(2) 대 키즈 칼라요새(The Great and Lesser Kyz Kala)

　8~9세기에 건축한 요새로 벽을 15미터 높이의 수직으로 주름잡듯 쌓은 건축물로, 외벽이 주름 잡듯 한 모양은 재료를 절약하고 태양의 복사열을 차단하는 기능을 창안한 독특한 건축물이라 한다.

대 키즈 칼라(The Great and Lesser Kyz Kala)

한가하게 먹이 활동하는 낙타 무리

(3) 에르크 칼라(Erk Kala)

성벽 주위의 해자(Moats)

6세기 조로아스터(Zoroaster)인들에 의해 조성된 성(城)으로 성벽과 해자(Moats)로 둘러싸인 다각형 유적으로 성벽의 높이가 100미터 이상이었다고 하나 오랜 세월이 흘러 약간의 성채만 남아 있다고 한다.

2. 고누르 테페(Gonur Tepe)

　기원전 2,400년에서 1,600년의 고대 유적지로 초기 청동기시대 정착
지이다.

3. 마리 역사 박물관(Mary History Museum)

여성 의인화한 형상(Woman's Anthropomorphous Statuette)은 도기질 (Ceramic)로 기원전 2~3세기 작품이다.

여성 의인화한 형상(Woman's Anthropomorphous Statuette)

도기질의 생활용기(Ceramic Clay)는 2~4세기경의 생활 모습을 보여 준다.

도기질의 생활용기(Ceramic Clay)

실크로드를 따라 북극에 서다

전통 복장을 한 혼인 여성을 태우고 이동할 낙타의 장식 모습이다.

투르크메나바트행 기차표
마리(Mary) → 투르크메나바트(Turkmenabat)

마리(Mary)에서 실크로드(Silk Road)를 따라 북으로 북쪽으로 이동하기 위해서는 다시 부하라(Buxoro, Bukhara)로 가야 한다. 우선 마리에서 이번에는 기차를 타고 투르크메니스탄 국경지역인 투르크메나바트(Turkmenabat)로 발길을 옮겼다.

그런 후에 양국 국경을 다시 통과하여 부하라에 도착하였다.

우즈베키스탄(Uzbekistan)

1. 부하라(Buxoro, Bukhara)

실크로드(Silk Road)를 따라가는 길은 오직 험준한 육로이다. 그래서 이번에는 기차로 그 길을 따라 가기 위해 부하라에서 타지키스탄 (Tajikistan)의 수도인 두샨베(Dushanbe)로 가기 위한 계획을 세웠다. 기차역으로 달려가 기차표를 문의하니 험로를 운행하다 보니 일주일에 1회 운행한다 하여 망설임 없이 표를 구매하였다.

타지키스탄의 두샨베(Dushanbe)행 기차표
부하라(Bukhara) → 타지키스탄의 두샨베(Dushanbe)

타지키스탄(Tajikistan)

1. 두샨베(Dushanbe)

두 번째 방문한 도시이지만 나의 여정은 끝없이 철로로 실크로드를 따라 발 걸음을 옮기는 과정이라 많은 문의를 하였지만 이곳은 철로가 없다고 한다. 할 수 없이 험준한 산길을 돌아 돌아 갈 수 있는 육로로 우즈베키스탄의 타슈켄트(Tashkent)로 가기로 하였다. 아침 일찍 이곳 두샨베를 출발하여 고산지대의 눈발을 받으며 협곡을 돌고 돌아 후잔트(Khujand)를 거쳐 투르크메니스탄 국경을 넘었다. 우즈베키스탄의 오이벡(Oybek))에서 지근거리의 타슈켄트로 갈 수 있었다.

타지키스탄의 후잔트(Khujand) 가는 길

타지키스탄의 국경사무소

우즈베키스탄 국경사무소

실크로드를 따라 북극에 서다

우즈베키스탄(Uzbekistan)

1. 타슈켄트(Tashkent)

이곳 타슈켄트에서 실크로드의 길인 키르기스스탄(Kyrgyzstan)으로 가는 길은 철로 및 육로도 있지만 역시 동기 철이라 철길은 막혀 있다.

어쩔 수 없이 기차를 타고 카자흐스탄의 알마티(Almaty)로 갔다. 알마티에서는 지근거리에 있는 키르기스스탄의 수도 비슈케크(Bishkek)까지 육로를 이용하여 수시로 이동할 수 있다.

카자흐스탄의 알마티(Almaty)행 기차표
타슈켄트(Tashkent) → 카자흐스탄의 알마티(Almaty)

카자흐스탄(Kazakhstan)

1. 알마티(Almaty)

　알마티는 카자흐스탄의 남동부 산악지역에 위치해 있으며, 키르기스스탄과 인접하여 있다.

　1925년부터 1994년까지 카자흐스탄의 수도였으며 고대 도시이다.

(1) 카자흐스탄 중앙 박물관(Central State Museum)

암모나이트(Ammonoidea)는 고생대 데본기에 나타나고 중생대 백악기에 멸종된 달팽이 모양의 나선형 껍질이다.

암모나이트(Ammonoide)

도자기 가마

유르트(Yurt)의 실내 장식

    중앙아시아 유목민들이 이동하면서 거주하는 주거 형태인 유르트 (Yurt) 내의 실내 장식이 화려하다.

    이곳의 사이란(Sayran) 서부버스 터미널에서 쉽게 인접국인 키르기스스탄의 수도 비슈케크(Bishkek)로 갈 수 있어, 육로의 산길을 따라 비슈케크로 갔다.

Перевозки автобусами
ТОО МА «Сайран»
г. Алматы, ул. Толе би, 294
БИН 041040001552
НДС 60001 0036943
Покупайте билеты на нашем сайте!
ma-sairan.kz

Маршрут: 701 Алматы/ав.Сайран - Бишкек
Остановка/Аялдамасы:
Бишкек
Отправление/Кетуі:
22.02.2024 12:00
Место/Орын: 17
Пассажир:
ПАК С
Документ:
36542358
Дата продажи/Сатылған күні:
22.02.2024 11:46:01
Нөмір: 49453

Услуги перевозчика: 2640
Услуги автовокзала: 360

ИТОГ: 3000
в т.ч. НДС: 38.57
Оплата наличными

Фискальный признак: 1149434931
Кассир: Темирханкызы
Время: 22.02.2024 11:45:59
Порядковый номер чека: 149
ОФД: АО "Казахтелеком"
Проверка чека на сайте:

비슈케크(Bishkek)행 버스표 및 버스

키르기스스탄(Kyrgyzstan)

키르기즈 공화국, 약칭 키르기스스탄(Kyrgyzstan)은 중앙아시아 내륙에 위치한 국가로 우즈베키스탄, 타지키스탄, 카자흐스탄, 중화 인민공화국과 접경하고 있으며, 국토의 대부분이 텐산(Tian Shan)산맥과 파미르(Pamir)고원에 둘러싸여 있는 산악지역이어서 '중앙아시아의 스위스'라고 부르기도 한다.

1. 비슈케크(Bishkek)

키르기스스탄의 수도이자 최대의 도시이다. 만년설의 텐산산맥 아래 위치하여 아름다운 경관이 많은 곳이다.

(1) 알라 투 광장(Ala-Too Square)

이 광장은 키르기즈 소비에트 사회주의 공화국(Kirghiz Soviet Socialist Republic) 건국 60주년을 기념하기 위해 지어졌으며 광장 중앙에는 역사적 흐름에 따라 키르기스스탄 독립 20주년을 기념하기 위해 세워진 마나스 동상이 자리 잡고 있다.

국가적인 중요한 행사와 의식을 치르는 곳이고, 일정 시간마다 국가경비대 교대식을 볼 수 있다.

알라투 광장(Ala-Too Square)

2. 케르번 사레이(Kerben Saray)

외로운 철길

　겨울철에는 철도운행을 하지 않고 초여름과 가을 동안만 관광 철길로 운영한다고 한다.

케르번 사레이(Kerben Saray) 주변의 눈 덮인 산들

　　　　　　　　　　　　　　　　　실크로드를 따라 북극에 서다

3. 페리테일 캐논 스카즈카(Fairytale Canyon Skazka)

이식쿨 호수(Lake Issyk-Kul) 남쪽에 위치한 순수하고 신비한 협곡 (Canyon)에 눈을 한곳에 고정시킬 수가 없다.

페리테일 캐논 스카즈카(Fairytale Canyon Skazka)

4. 일곱 황소 바위(Seven Bulls Rocks)

일곱 황소 바위(Seven Bulls Rocks)

제티 오구즈(Jeti-Oguz Canyon)는 현지어로 7마리 황소라는 뜻으로 7개의 경이로운 붉은 바위로 이루어진 유적지이다.

실크로드를 따라 북극에 서다

5. 오쉬 바자르(Osh Bazaar)

비슈케크에서 가장 큰 재래시장답게 전통적 향기가 나는 재래식 물품들과 현대의 물품들이 잘 어우러져 번성의 모습을 잘 보여 주고 있다.

키르기스스탄은 대부분 산악지대라 철길이 활발하지 않다. 특히 겨울철에는 승객이 없어 중단된 지역도 많다고 하나 철길이 있으면 필히 경험해야 한다. 그래서 비슈케크 기차역(Bishkek Railway Station)을 방문하여 의미를 전달하니 오직 한 노선뿐이라며 비슈케크에서 카라발타(Kara Balta)로 가는 기차표를 건네 준다. 기차에 몸을 실으니 승객들이 자기들은 집으로 돌아 가는데 '이방인은 어디로 가는 거지?' 하며 의문의 눈초리를 수없이 보낸다.

비슈케크(Bishkek)기차역

카라발타행 기차표

카라발타 기차역

비슈케크에서 카자흐스탄의 알마티(Almaty)로 이동하여, 그곳에서 기차(Train)에 몸을 싣고 마지막 열정을 불태울 러시아의 노보시비르스크(Novosibirsk)로 이동해야만 한다. 그래야만 그곳에서 설국열차를 타고 북으로 북쪽으로 달려 얼어붙은 땅끝에 설 수 있다.

실크로드를 따라 북극에 서다

36

카자흐스탄(Kazakhstan)

1. 알마티(Almaty)

　알마티(Almaty)를 출발해서 카자흐스탄 국경을 넘어 러시아의 노보시비르스크로 가는 철로는 실크로드의 길이 아니라 그런지 일주일에 1회만 운행한다 하여 어렵게 표를 구하였다.

노보시비르스크(Novosibirsk)행 기차표
알마티(Almaty) → 러시아의 노보시비르스크(Novosibirsk)

제6장

설국열차를 타고
꽁꽁 얼어 붙은 동토(凍土)로 가다

러시아(Russia)

러시아 연방, 약칭 러시아(Russia)는 동유럽과 북아시아에 걸쳐 있는 연방제 국가이다.

수도는 모스크바(Moscow)이다.

1. 노보시비르스크(Novosibirsk)

인구 기준으로 러시아에서 제3의 도시이며 시베리아(Siberia) 제1의 도시로 상업, 문화, 교통, 교육, 학문의 중심지이다.

이곳 노보시비르스크에서 시베리아 간선 횡단철도를 이용하여 설국열차에 몸을 싣고는 북으로 북으로 달려야 철길의 끝인 니즈니 베스탸흐(Nizhni Bestyakh)역에 도착할 수 있다. 그런 후에 레나(Lena)강 건너편에 위치한 동토의 도시인 야쿠츠크(Yakutsk)로 갈 수가 있다.

기차표를 구매하기가 매우 힘들다.

천신만고 끝에 역무원의 도움으로, 노보시비르스크를 출발하여 틴다(Tynda)역에서 환승하여 북쪽 철길 끝인 니즈니 베스탸흐로 가는 기차표를 구하였다. 열차에 몸을 싣고 3일간 힘든 여정을 체험하였다.

눈 쌓인 노보시비르스크(Novosibirsk) 기차역

니즈니 베스탸흐행 기차표
노보시비르스크(Novosibirsk) → 틴다(Tynda)
틴다(Tynda) → 니즈니 베스탸흐(Nizhni Bestyakh)

실크로드를 따라 북극에 서다

설국(雪國) 열차를 타다

100시간 동안 시베리아 설국(雪國)열차를 타고 북으로 북쪽으로 발걸음을 옮겼다.

드디어 철길이 끊어진 니즈니 베스탸흐(Nizhini Bestyakh)에 첫발을 디디고, 꽁꽁 얼어붙은 레나(Lena)강을 건너서, 드디어 동토(凍土)의 땅인 야쿠츠크(Yakutsk)에 발을 딛고 섰다.

2. 니즈니 베스탸흐(Nizhini Bestyakh)

4일 동안 끊임없이 달려온 설국열차는 더 이상 철길이 없어 기차도 멈추어야 하는 동토지역인 니즈니 베스탸흐역에 도착하였다.

꽁꽁 얼어 붙은 레나(Lena)강을, 마치 육로인 양 질주하여 야쿠츠크(Yakutsk)로 건너갈 승합차 및 택시들이 열차에서 내리는 여객들을 반갑게 맞이하고 있다.

외로운 이방인도 어쩔 수 없이 꽁꽁 얼어붙은 강 위를, 살얼음판이 아니라 마치 아름답게 놓인 하얀색 대리석 위를 질주하는 듯한 짜릿한 느낌도 경험하였다.

니즈니 베스탸흐(Nizhini Bestyakh) 기차역

얼어 붙은 레나강을 건너다.

3. 야쿠츠크(Yakutsk)

러시아 극동부 사하 공화국(Republic of Sakha)의 수도이며 겨울철에는 보편적으로 영하 15~40도 사이라 한다.

(1) 레나 기둥 자연공원(Lena Pillars Nature Park)

겨울철이라 꽁꽁 얼어 붙은 레나(Lena)강을 도로 삼아 강둑의 기둥처럼 형성된 눈 덮인 자연 암석들을 따라가니, 해빙이 되면 강물과 어우러진 그 광경들은 형언할 수 없이 아름답고 신기하게 펼쳐질 것 같다. 세계문화유산 목록에도 등재되어 있다고 한다.

꽁꽁 얼어붙은 레나(Lena)강에 어우러져 있는 자연 암석들

실크로드를 따라 북극에 서다

레나 기둥 자연 공원(Pillars Nature Park)

다양하게 이곳 전통복을 입고 있는 사람들과 함께

북극해(Arctic Ocean)에 위치한 땅끝마을 틱시(Tiksi)로 가야만 장대한 여정의 끝으로 태극기를 가슴에 품고 발을 내디딜 수 있다.

이곳 야쿠츠크(Yakutsk)에서 약 1,100㎞ 떨어진 틱시(Tiksi)까지 가는 길은, 철길은 존재하지도 존재할 수도 없고, 육로는 이동 가능하나 북으로 북쪽으로 눈이 쌓여 해빙기인 6월에나 개통이 가능하다.

물론 6월에 강물이 녹으면 배(Ship)로 레나(Lena)강을 따라 몇 날 며칠을 걸러서 틱시로 갈 수가 있다.

오직 뜨문뜨문 운행하는 구식 쌍발비행기로 갈 수 있다 하여 안전여행을 위하여 왕복 비행기표를 구매하였다.

틱시(Tiksi)행 비행기표

틱시행 비행기

실크로드를 따라 북극에 서다

북극해 (Arctic Ocean)로 가는 길

4. 틱시(Tiksi)

　러시아 사하 공화국(Republic of Sakha)의 북쪽 땅끝 마을로 북극해 (Arctic Ocean)의 항구이다.

　온 천지가 하얗게 눈(Snow)으로 덮인 비행장이 을씨년스러운데 군인들이 외로운 여행객을 심문할 장소로 데려간다. 그리고 시내에 위치한 심문장소에서 영어 통역군인을 대동하고 장시간 질문이 쏟아졌다.

　아무리 전쟁 중이라도 오직 여행객이다. 개인 핸드폰 사진도 보여 달라고 한다. 전쟁 중인 상황에 대한 개인 의견도 물어본다. 진심인 마음으로 러시아를 방문한 여행객의 답변으로 우정의 악수로써 방문 허가를 받았다.

실크로드를 따라
북극에 서다

제7장

대장정의 끝인
북극해(Arctic Ocean)에 서다

북극해의 오로라

눈보라에 얼어붙은 지는 해

실크로드를 따라 북극에 서다

북극해(Arctic Ocean)에 서다

1. 돌아오는 길

(1) 러시아(Russia), 야쿠츠크(Yakutsk)

꽁꽁 얼어 붙은 레나(Lena)강 풍경

(2) 러시아, 니즈니 베스탸흐(Nizhini Bestyakh)

북극해의 오로라

실크로드를 따라 북극에 서다

베스타흐에서 기차로 울란-우데(Ulan-Ude)로 이동

(3) 러시아, 울란-우데(Ulan-Ude)

울란-우데에서 기차로 몽골의 울란 바토르(Ulan-Bator)로 이동

(4) 몽골(Mongolia)

동아시아의 내륙국이고 정치 체제는 민주공화국이다. 수도는 울란
바토르(Ulan Bator)이다.

2. 울란 바토르(Ulan Bator)

몽골의 수도이자 가장 인구가 많은 도시이다.

(1) 몽골 국립 역사 박물관(History Museum)

고려 풍(高麗風) 여성 의복

몽골의 전통 여성 복식(服飾)

실크로드를 따라 북극에 서다

유목민 전통가옥 게르

(2) 고르히-테렐지 국립공원(Terelj Park)

칭기즈 칸 마상 동상

실크로드를 따라 북극에 서다